創元ビジュアル教養＋α

JN246171

タコ・イカが見ている世界

吉田真明　滋野修一
Yoshida Masa-aki　Shigeno Shuichi

創元社

【はじめに】海の変わり者たちの心と体

私たちとは根本的に何かが違う。タコやイカという生き物を見ているとそう感じる。

二つの大きな目玉と一つの頭。あたかもヒトのようである。しかし体の作りが大きく違う。頭から腕が生え、体の色を瞬時に変える。骨はない。

タコやイカは変わり者である。だが、彼らと人間である自分を重ね合わせてみると、人間もまた変わり者であることに気づかされる。タコやイカは、人間の存在自体を問い直すために何か貴重なことを教えてくれる。

タコやイカの研究をしていると話すと誰もが興味を示してくる。あの腕をくねらせる奴だろう。なぜあんな変なものを調べる？　食べると美味しいよね。頭がいいというけど本当なのか？　などと反応がよい。

研究者も日夜、考えている。タコの精神世界とはどのようなものなのだろうか。骨がない体で動くとはどういう感じだろう。どうやって体の模様や色を変えているのか。遺伝子を書き換えたらもっと賢くならないか。

そして、タコにヒトと同じ感情や心はあるのだろうか。このような疑問に答えるためには、タコやイカについて知らなければいけない。

本書はタコやイカについての一般向けの本であり、入門書として彼らの基本的な特性を記した。だが同時に、これまでに出た多くのタコ・イカについての書物に書かれていない新説も記してある。それは進化、体や心が作り上げられる「発生」という過程、そして遺伝子やその総体のゲノムといった最新の知見に基づく、タコやイカの心と体についての見解である。

その心身はどのように私たち人間や人工知能と比べられるのか。心や感情はどのように生まれるのか。とても難解な問題だが、本書では最先端の研究から得られた新しいタコ・イカ像を紹介している。

本書を記すにあたり大変多くの方々のご援助をいただいた。ここに短いながらも感謝の意を表したい。一つ一つの科学の発見の背景には語り切れないほどの人間の物語が詰まっているが、それは本書で紹介していることも例外とはならない。一枚のページ、そこにあるたった一枚の写真も多くの無名の方々の助けによって得られたものである。魅力あるタコやイカという生き物について、限られた項数のため紹介できなかったこともあったがご容赦いただきたい。総じて、本書を通して、タコやイカという変わり者の無限に広がる面白さの一端を感じ取っていただければ幸いである。

滋野修一

目次

4章 頭足類と人類

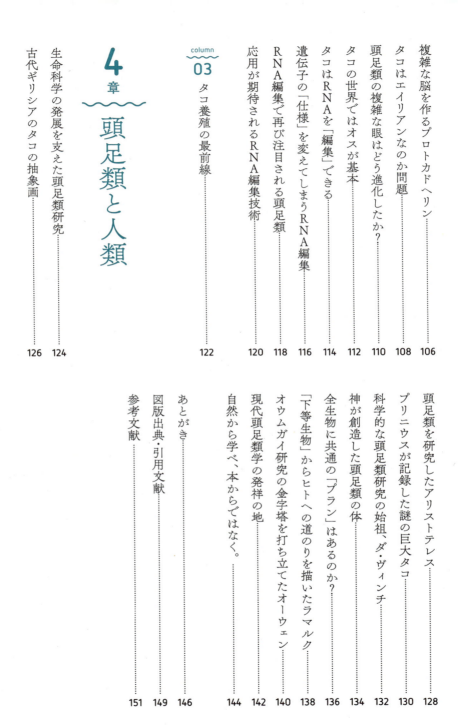

1章

殻を捨てた不思議な生き物たち

01

タコやイカの心の中

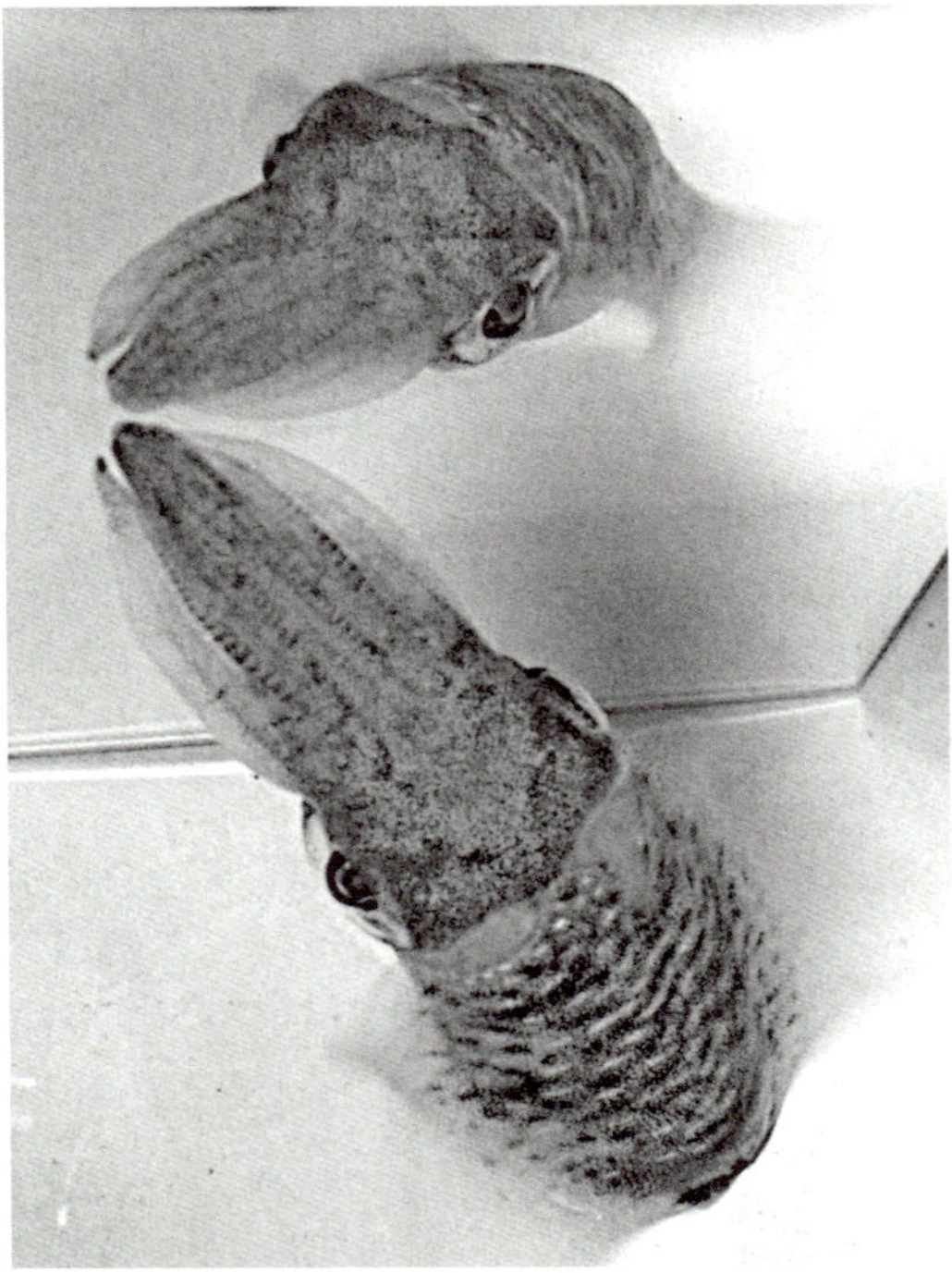

鏡を見るイカ

自分を自分と判断しているかどうかを調べる「ミラーテスト」。アオリイカなどは鏡に映った自分を触るような動きは見せるが、多くのタコやイカは自我があるとは確認されていない（写真：池田譲）。

タコやイカの心の中は、どうなっているのだろうか。

鏡を見せたときに、そこに映る自分に気づけば「自分」という概念や自我がある、とする実験がミラーテストである。猿、象、イルカ、そして最近はある種の魚もこのテストをパスした。しかし、現在のところタコやイカの結果は曖昧である。

アオリイカのような、群れを作る社会性がある種にこの鏡を見せると、敵や他の個体への反応とは異なり、ゆっくり鏡を触るしぐさを見せる。マダコも鏡を触ったり、裏側を探索したり、観察者からすると意図がわからない腕広げや、体の模様替え行動を示すという。

このとき、体に塗料で印をつけておくと、彼らはそのマークに関心を向ける。タコが自己を自己として見ていると断言はできないが、彼らは何を考えているのだろうか。

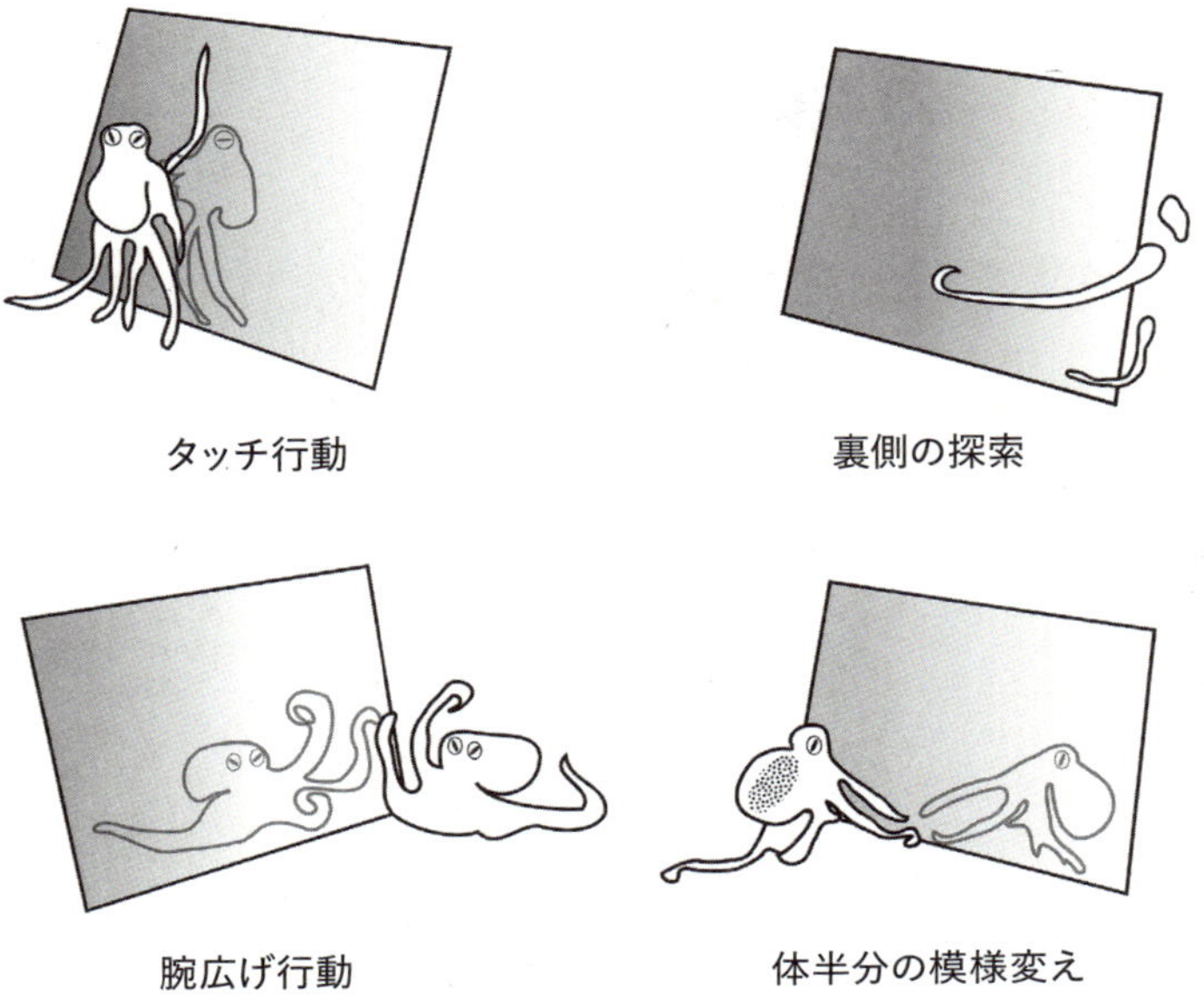

鏡に対する反応　鏡に映った自分に反応するマダコ。このような行動は動物に広く見られるが、その水準には差がある。ただし、進化の歴史における起源は古いと見られている（Amodio & Fiorito 2022を改変）。

自分という概念があることや、過去や未来を想起できる「意識」という機能はヒトだけが持つものではない。起源は古く、進化の流れの中で段階的に生じたと考えるのが自然である。そしてタコやイカの祖先ははるか昔にヒトの祖先と分岐したため、頭足類に意識があれば、ヒトが持つ意識とは独立に進化したことになる。

さらに、意識と関係がある「注意」もタコやイカでは発達している。我々ヒトのように大きな目と発達した視覚を持つ彼らは、エサや物体などの対象にしっかりと注意を向け、凝視できる。それは、いわば意識を対象に集中できるということだ。

彼らはまた、感情や気分を表す体の模様も、意識的に変えられる。それはちょうど、ヒトの表情のようなものだ。

研究者たちは、この不思議な生物の心の仕組みを明らかにするために研究を続けている。

02

タコ・イカの社会と知性

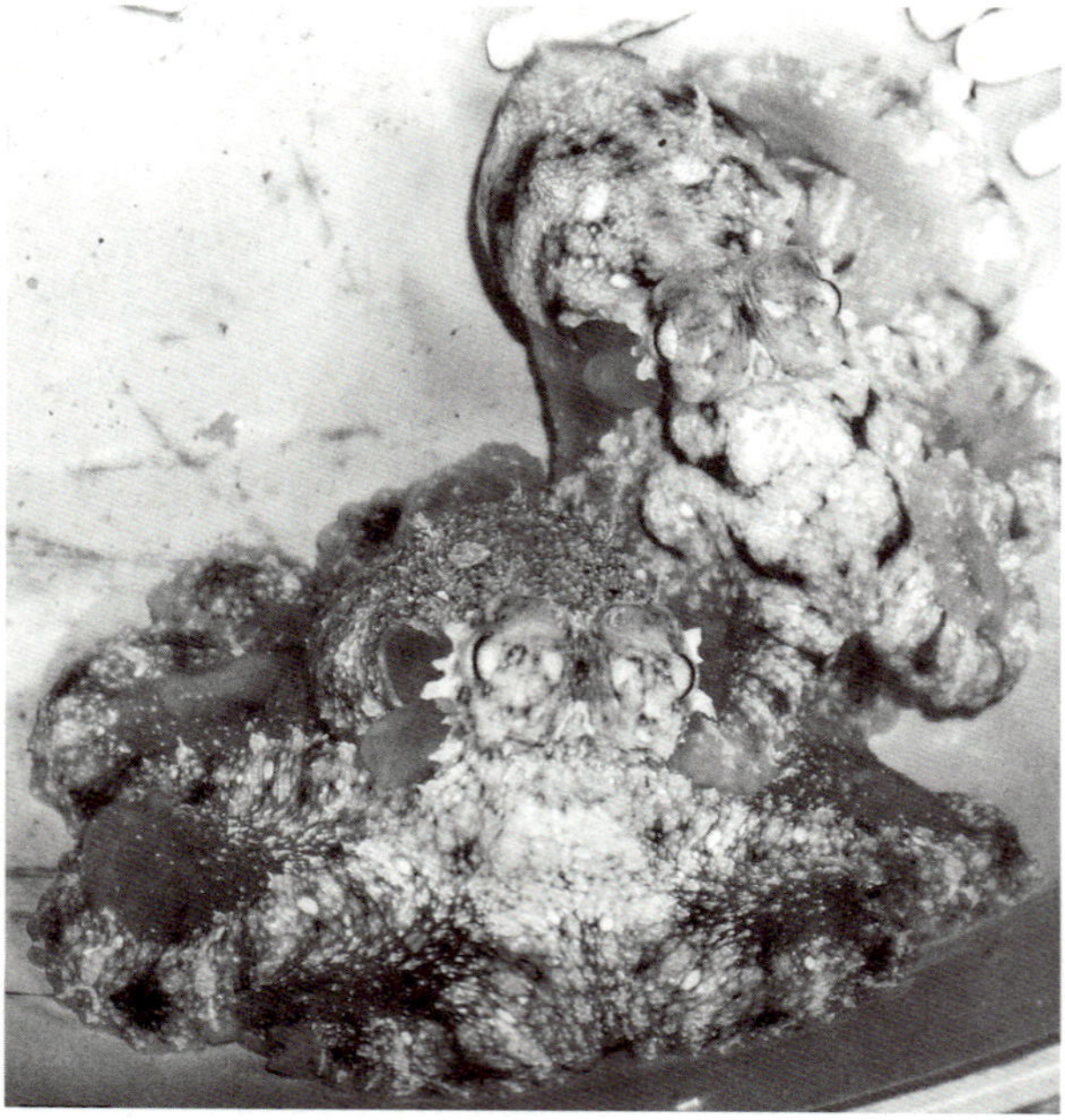

互いに寄り添うソデフリダコ　ソデフリダコのオスとメスが寄り添っている（写真：安室晴彦）。眼と脳が大きい。

タコは一般に孤独に、隠者のように暮らす。タコが集まって住む「集落」のようなものも見つかっているが、個性が強く、自身の居住空間であるテリトリーを守って争うのが普通である。

しかし、タコの中には他者を好んで体に寄り添うことを好む種もいる。また、ヤリイカやコウイカ、スルメイカなどは魚のように群れで生活する。このようなタコやイカは、社会を作ることで特別な知性を持ったのだろうか？

まず、互いに寄り添うことを好むソデフリダコという種がいる。沖縄の岩礁に住み、研究にも使われてきた。このタコは眼と脳が大きく、見ることに長けているようである。脳の中でも学習や記憶に関わる場所が大きく膨らみ、分化している。

しかし、ソデフリダコの脳では腕で触るための領域は驚くほど小さい。腕もそれほど長くない。おそらく、寄り添うのは体なので、腕ではなく体感や社

アオリイカ　アオリイカのペア。アオリイカは群れを作ることで知られている（写真：中島隆太）。

会性を好むホルモンのようなものを分泌する細胞が発達しているのかもしれない。

イカの中でも群れを作ることに特に長けているのはアオリイカである。アオリイカは、他者との距離の取り方がとても上手い。まるでドローンのように、どの方向へも機敏に動く。動きを制御するためか、体のふち全体についたヒレを司る脳の領域も大きい。

何よりもアオリイカで特徴的なのは眼である。アオリイカは大きな眼を持ち、まぶたが発達し、見ることに長けている。興味ある対象は両眼で凝視する。すなわち、焦点を当てる力や注意力といった心理的な能力に長けているのだろう。

ソデフリダコとアオリイカの事例からわかるように、社会で上手く生きる種は、何より眼を使うようである。脳もそういった環境に合わせて進化する。

それは、他者との関係の上に生きる我々ヒトに似ているのではないだろうか。

03

恋するタコ・イカ

タコの授精 上にいるメスに対し、オスが腕を使って交接しようとしている（写真：川島薫）。

タコやイカほど変わった性行為と産卵を行うものはいないのではないだろうか。頭足類は異性や同性と駆け引きをし、「交接」と呼ばれる精子の受け渡しを行い、メスや卵を保護する。

体表の模様パターンを変えて異性を誘惑することなどは、他の動物には見られないものだろう。頭足類はときに賢く、ときにずる賢いふるまいをする。

アオリイカのように群れを作る種では、特に興味深い異性との駆け引きが見られる。オスは体と腕全部の模様を変化させてメスに近づき、アプローチをする。と同時に、近くにいるライバルとなるオスを威嚇する。アオリイカは群れるので、威嚇の対象も1匹ではなく多数だ。つまりアオリイカのオスは眼でオスか、メスか、攻撃するか、守るか、愛のシグナルを送るかを判断していることになる。

彼らは器用に、体の右半分は誘惑、左半分は威嚇と体の模様を使い分けることもできる。人間に例え

ヒメイカの産卵　海草（アマモ）に卵を産みつけ精子をかけるメス。精子の袋を口で砕き、卵にふりかけ、ゼリーで覆う（写真：藤原英史）。

れば、右手で花を女性に見せつつ、同時に左手では求愛するライバルに対して剣で脅すようなものである。

タコやイカの性や産卵に関わるふるまいを実際の海で見るのはとても難しい。一生のうちの限られた瞬間でしか行われないためである。しかし、小さな水槽で飼える、メダカと同じサイズのヒメイカという種では、性や産卵に関する行動を観察できる。

ヒメイカは、精子を卵と授精させるために長く、柔らかい腕を器用に使う。オスは成熟すると腕の先が変化し、体にある精子を貯蔵庫から腕へ伝わせ、その腕先をメスの体に挿入して精子を含んだ袋を植えつける。その袋はメスがかみ砕いて卵と授精させ、産みつける。

このように、頭足類の性と繁殖の行いは、腕や口を使う、とても複雑で知的で巧妙なものである。

04

不思議な体と知性を持つ頭足類

タコの奇妙な体

二つの目玉があるところが「頭」であり、その上にある袋状の「外套」の中に内臓がある。腕は頭から8本伸びて吸盤が並ぶ。体の表面全体には自在に動かせる色素がある（Chun 1915を改変）。

鋭い感覚、華麗な動き、高い知性、そして異質な遺伝子。これらがタコやイカの特徴である。タコやイカは、螺旋《らせん》形の貝殻を持つオウムガイ、化石の代名詞アンモナイトなどと共に一般に「頭足類」と呼ばれる。正式には、「軟体動物門・頭足綱」だが分類は諸説あるため、頭足類と通称することが多い。頭足類はアワビやアサリなどの貝類の仲間から進化したといわれており、世界の海洋にタコが３００種、イカが４５０種いる。

タコやイカの寿命は一般に1年ほどで短い。数十個の卵を生み、生まれる子どもは大きい。浮遊する小さい卵を数百個産むものもいる。生き方も多様である。海水だけに生息し、淡水や陸上にはいない。日本列島の北から南まで回遊したり、海底を這い回ったり、空を飛ぶものもいる。世界で一番大きい頭足類であるダイオウイカは深海に住み、全長10mを超えるが、一番小さい頭足類は１㎝ほどのヒメイカで

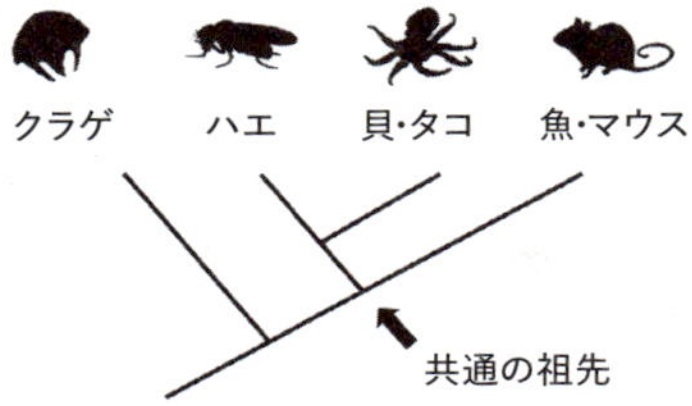

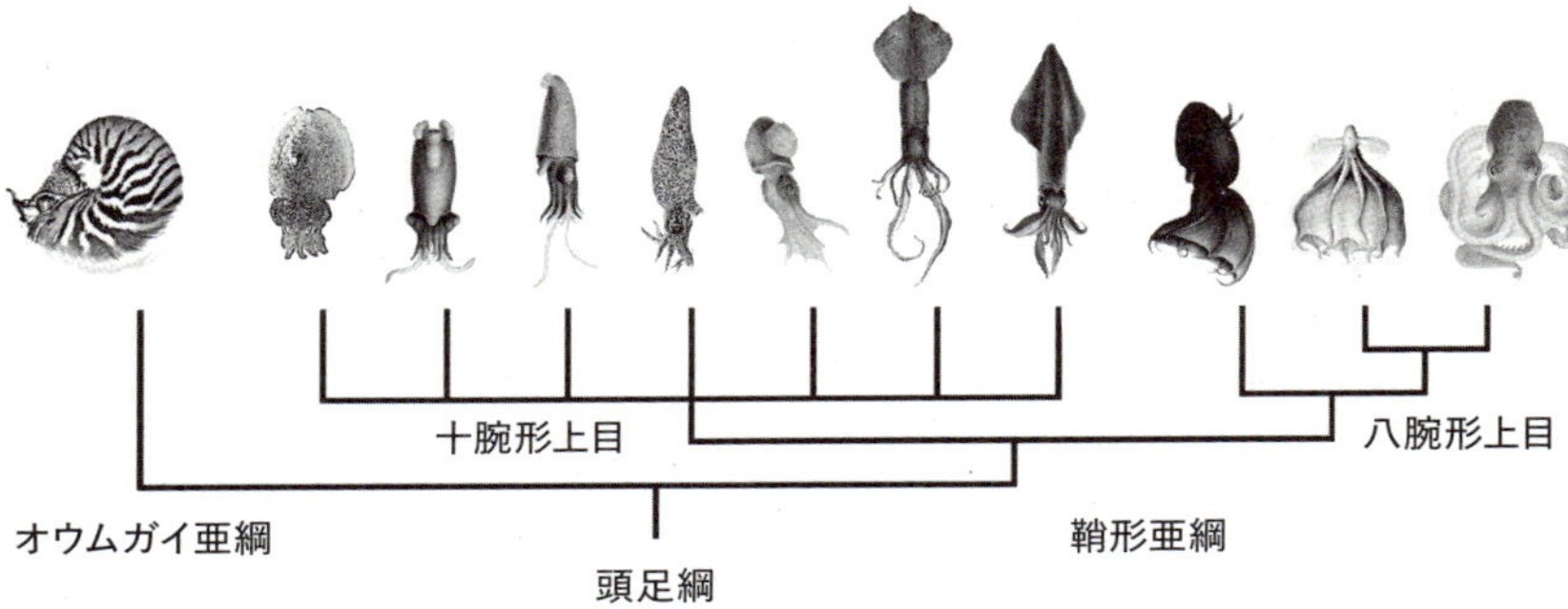

頭足類の分類

頭足類の分類図。イカ（十腕形上目）とタコ（八腕形上目）に大きく分かれる。オウムガイは両者の共通の祖先にあたる（MolluscaBase 2024、図は Chun 1915, Meyer 1913を改変）。

日本各地の海草が生えるところに住む。

頭足類の知能は高く、眼などの感覚器や脳が大きく発達している。物事を観察しながら素早く学習し、仲間の行動や物体を触った経験を長く記憶する。何より変わっているのは、大きな目玉のついた頭、そしてそこから伸びる曲がりくねった8から10本の腕である。さらに、彩色豊かな模様を瞬時に作り出す。この模様で敵を威嚇《いかく》し、異性には優しく近寄り、ときに喜びや混乱のような感情を模様で表す。

この知性と異形な体はゲノム、すなわちDNAが持つ遺伝情報から生まれたものである。タコやイカのゲノムは、原則的にヒトと同じ設計だ。しかし、細胞の分化や接着、そして免疫に関わる遺伝子が多い。腕も脳もヒトや他の動物とは異なる遺伝子を使って作られている。

このように、頭足類はヒトとかけ離れた系統で生まれた生き物であり、その変わりようのために私たちの興味を強く引く存在になっている。

05

海のパフォーマーたちの複雑な体

アオリイカの群体

鳥の群れのように仲間と距離を取りながら遊泳する（写真：中島隆太）。

頭足類の知能は高いが寿命は1年と短い。3年以上生きる種もいるが育つのは早い。

さらに彼らは新鮮で活きのよい餌しか食さない美食家であり、大いに食い散らす大食漢である。

頭足類は、広い海域を動き回る旅行好きでもある。泳ぎ方の特徴は魚などと大きく違い、ロケットのように高速移動するかと思えば、急角度に旋回して攻撃したり逃げたりする。アオリイカなどは数十個体の群れを作り、お互い目視しながら隊列行動を乱さない。ときに海底の石などを腕でなで回し、遊びのようなふるまいをする。隠れ家としての家を作ったり、魚や背景の海藻を真似て他者を騙す熱帯のミミックオクトパスなどもいる。

その感覚器も大変複雑で、見る、聴く、味わう、感じる、嗅ぐといった五感を発達させている。頭足類の頭には遠くを見通す球形のレンズと光を感じる精巧な細胞を備えた眼がある。また、首を使って周り

パフォーマーとしての頭足類

観察する人間を警戒する模様が現れている。

を見回し、襟《えり》の部分には自身の動きを検知するセンサーがある。

頭には感覚毛が走り、これで水流を感じる。頭の中にはバランスを感じ取る袋のような感覚器があり、私たちの耳にある三半規管のように働く。振動による音もそこで聴けるようである。

また、運動する器官も洗練されたものである。鞭《むち》のような腕と多機能の吸盤、水を噴射する漏斗《ろうと》、傘のような呼吸のための「外套《がいとう》」がある。漏斗は煙幕となる黒いインクの発射や、ゴミがついた自身の卵を洗うことなどにも使われる。

外套の中には心臓、すい臓、腎臓、肝臓、胃、腸、肛門といった人間と似た臓器があり、尿や糞も肛門から漏斗を通して排出される。さらに外套の出入り口付近には鼻にあたる、ものを嗅ぐ器官もある。このような複雑な体を持つ頭足類の祖先は、実はアワビのような貝類であることがわかっている。

06

世界中に棲む多様な頭足類

多様な頭足類　上段は、左がヨーロッパコウイカ、右がハナイカ。中段左はマダコ、右がオウムガイ（以上4種は筆者［滋野］撮影）。下段は左がタテジマミミイカダマシ、右がヒメイカ（2種ともに中島隆太撮影）。

タコやイカは南極から熱帯のサンゴ礁、そして岩礁から深海まで広く生息しており、実に多様な生活を送っている。だが、親戚であるカタツムリのように陸上や河川に進出しなかった理由は未だにわからない。塩分を調整する体の仕組みを作れなかったことや肺に似た器官を進化させなかったためなどと諸説ある。

ただし、海水と淡水が混じる汽水に住むジンドウイカ、数秒なら空中を滑空できるスルメイカやトビイカがいる。彼らは腕やヒレを翼のように広げ、海水をジェット機のように噴射させて空を飛ぶ。また、小笠原諸島では岩礁の上を歩いて獲物を捕まえるアナダコが発見されたばかりである。

浅い海の岩礁域では、黄色の模様で猛毒を持つヒョウモンダコに要注意である。ミミイカは器用にも2本の腕を使って砂中に隠れる。小さなヒメイカは自分より大きなエビの殻に口を突っ込んで肉だけを食べる。外洋や沿岸近くに住むアカイカやスルメイ

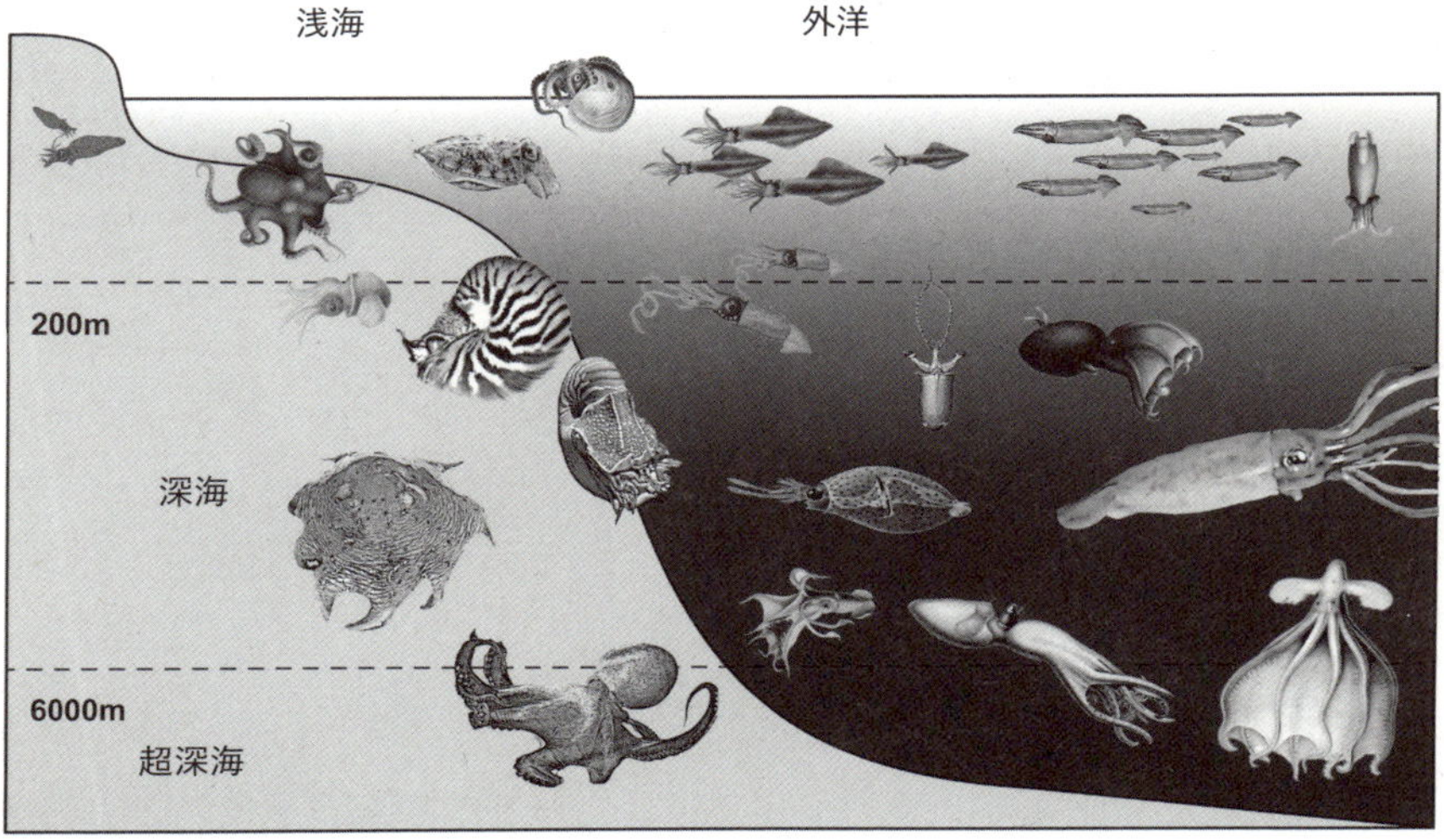

さまざまな頭足類の生活する場所　浅海から深海までに棲む、代表的な種を示す（図はChun 1915, Meyer 1913など。巻末を参照）。

カは長い距離を高速で回遊する。また、アオリイカなどは群体を作り、仲間と適切な距離を取りながら社会生活を送っている。タコでも、大きなヒレを持つムラサキダコのように遊泳する種もいる。

海面から200m以深は深海と呼ばれる暗黒の場所だが、発光するホタルイカ、メンダコ、ジュウモンジダコ、そして大型のダイオウイカなどが住む。また、滅多に出会えないが、コウモリダコという、タコとイカの中間の形を持つ種もいる。深海には、鱗のような外皮を持ったサメハダホウズキイカなど、透明で腕が細長い奇妙な外形や大きな眼を持った種が多い。貝殻によって浮遊するオウムガイも深海に住むが、餌が豊富な表層と深海を行ったり来たり移動して生活する。

深海の温度はとても低く、氷点下に近い。そのせいで、深海に住むタコの卵を定期的に観察したところ、生まれるまでに2年近くかかったという。このようにタコやイカといっても生きる場所はさまざまである。

07

タコの奇妙な「頭」

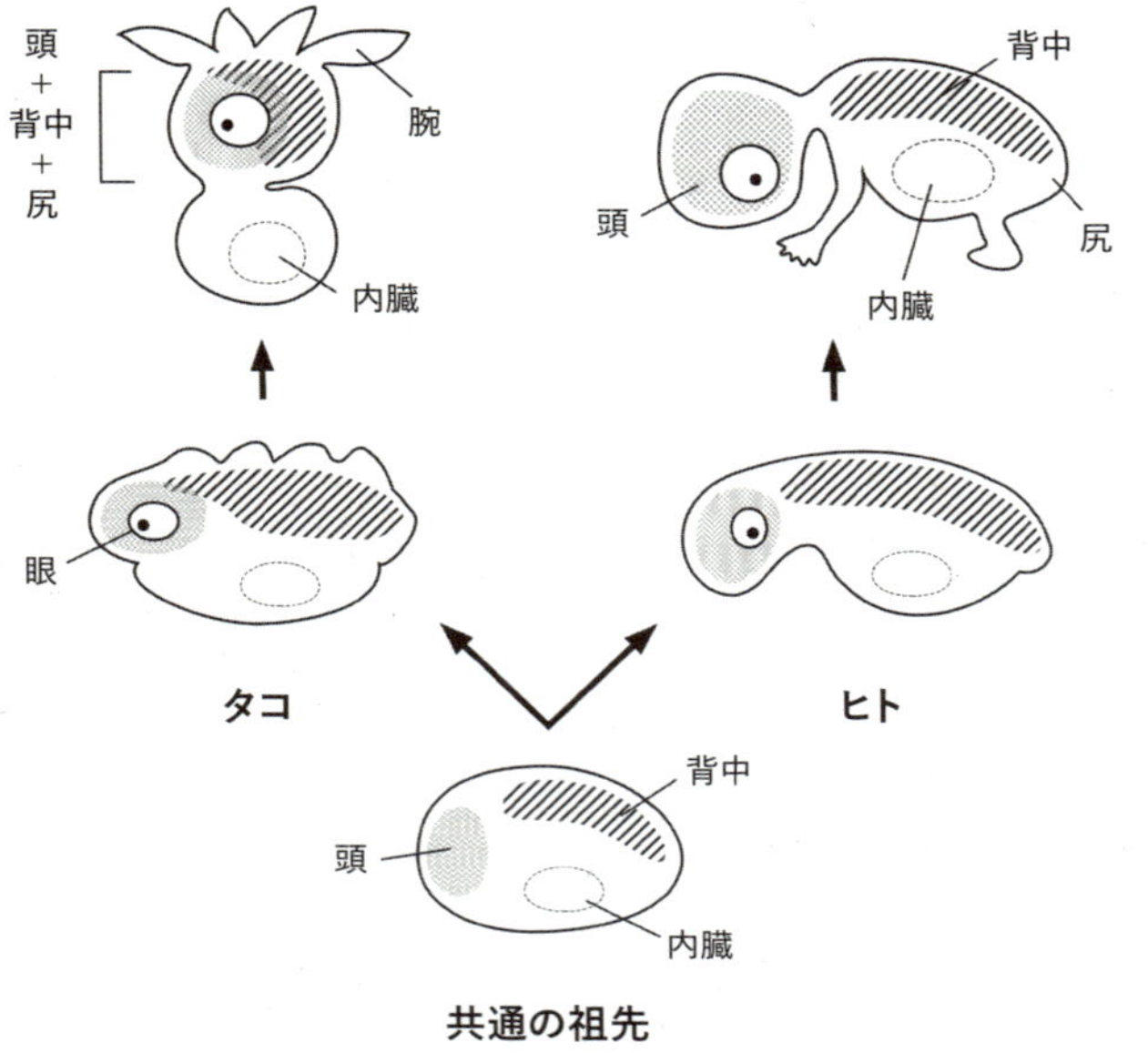

ヒトの背中と尻が一体化したタコの「頭」

タコはヒトとは頭の作りが異なり、タコではヒトの背中と尻に相当するものが一体化して「頭」になっている。ただし、内臓はヒトと同じく腹側に集まっている。

ここ数十年の研究によって、頭足類の体についての見方は大きく変わった。その結果、困ったことに「頭足類」という呼称が間違っていたことがわかってしまった。タコの「頭」は頭ではなく、頭から足や腕が生えているわけではなかったからだ。この結果は研究者たちの想像を超えていたので、現代の専門書や書物でも誤って紹介されている。

では、ヒトの頭に相当する部分は、タコではどこなのだろうか。それは、頭が形作られるプロセスを図で追うと明らかになる。

ヒトとタコの共通の祖先はまるで風船のような生物だったのだが、前と後、背と腹を区別する軸は持っていた。そしてヒトの場合、前側が頭として大きく発達し、内臓は腹側に生まれた。首は頭を動かすために細くなっている。

しかし、タコは全く違う。風船のような共通祖先の前と後ろがくっつき、「頭」という一つの塊になっ

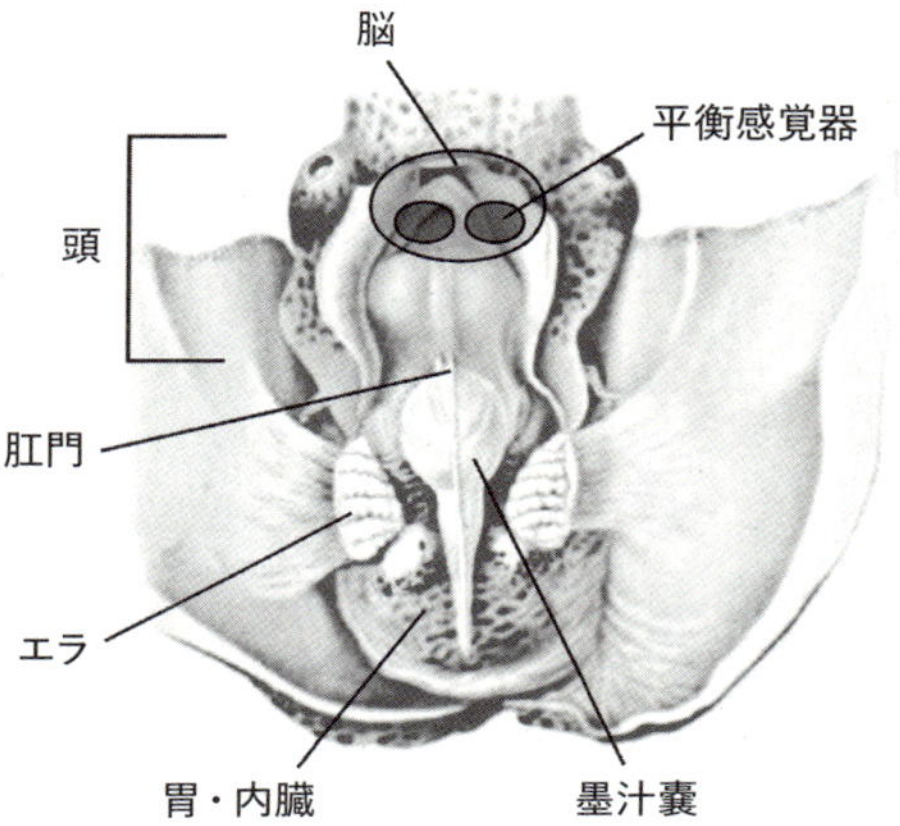

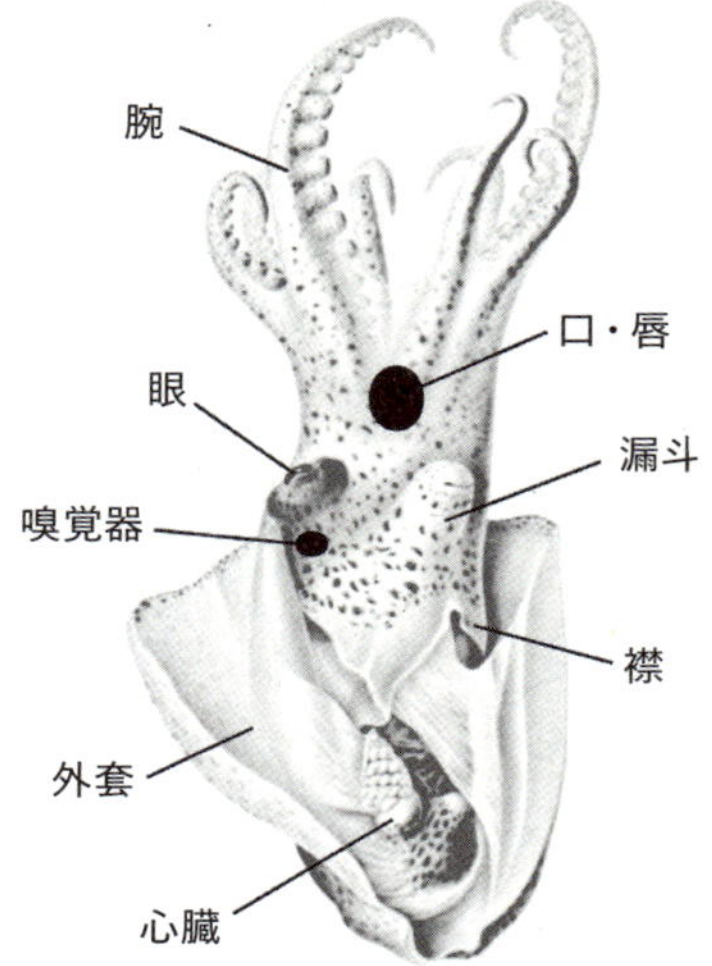

タコの体と器官　胴体に見えるのは外套膜という筒状の筋肉。外套を開くと胃やエラが見える（Chun 1915を改変）。

たのだ。ヒトに例えるなら、頭と背中、尻が一体化していることになる。また、タコの内臓は袋に入れられてこの頭からは離れたが、そこには墨汁を出す袋や心臓、呼吸のためのエラが生まれた。タコの「頭」は私たちヒトの頭とは別物なのだ。

にわかに信じがたいかもしれないが、タコの頭がどのように形作られ、進化したかを研究したことによって判明した事実だ。それは近年の、体や体軸を作る遺伝子の研究によってさらに確かなものとなった。

さらに、タコの腕は祖先の背中に相当する部分に生えている。そして腕の中には脳と同じ数の神経細胞があり、ヒトの脊髄に似たものがあることもわかってきた。タコやイカの「頭」や「腕」、体はあらゆる動物の中でも、最も奇妙な存在なのである。

08

「外套」を着ている頭足類

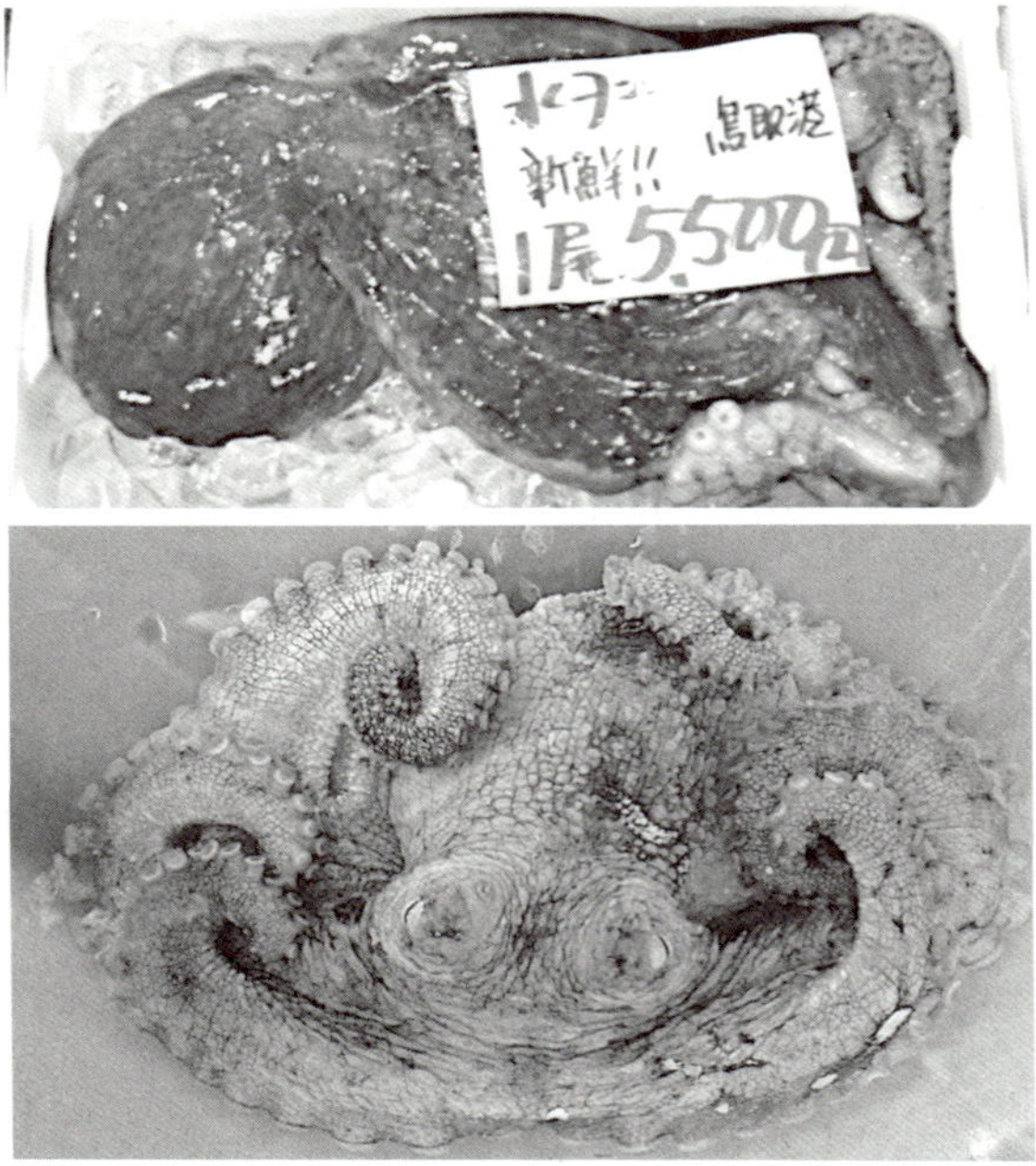

タコの体　商店やスーパーに並んでいる姿は生きているときとはかけ離れているが、胴体とそれ以外の区別はつきやすい。

頭足類の体は独特である。イヌなどの四足動物の体は、ヒトが両手両足を地面についたときの姿と大差はなく、内臓の位置はほぼそのままである。魚も、実はかなり共通点がある。だが、これらの動物と比べると、頭足類の体はかなり異質である。

頭足類という名前は、ラテン語のセファロポッドを訳したものだ。セファロが頭で、ポッドが足を意味する。頭足類では腕は眼の下から口を囲むように、放射状に並んでいる。軟体動物の仲間である貝類にも口の周りに少数の触手を持つものはいるが、タコの腕よりずっと小さい。「名は体を表す」というように、頭足類は頭と腕が目立つ生物なのだ。

タコの体とイカの体の内臓の位置や数、並びはほとんど同じである。内臓の形は少々違うが、これはヒトとイヌの違いと同程度だ。腕の本数の違いが、外見上の最も大きい違いといえよう。

タコとイカが分岐したのはおよそ2億年前で、こ

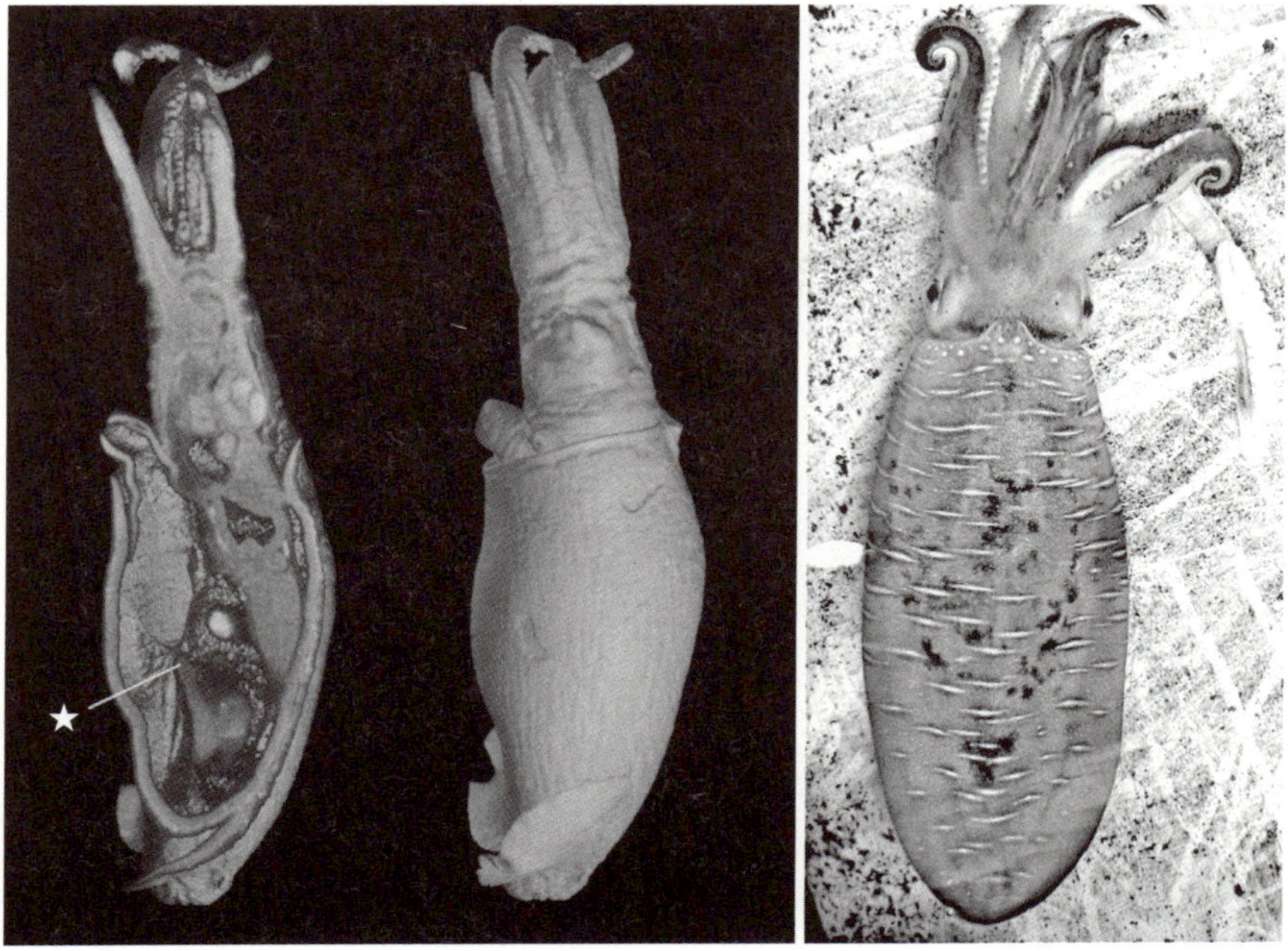

イカの体　タコとバランスは異なるが胴体と頭の区別はよく似ている。胴体は外套膜に覆われているため、肛門の位置（★）は外からではわからない。

れはちょうどイヌとヒトの祖先が分岐した時期に近い。だから、タコ・イカ間はヒトとイヌの違いぐらい、と覚えていただくとわかりやすい。タコとイカは長く別々に進化してきたので、イカを変形してタコにすることは簡単にはできない。

もう一つ、外からはわからない頭足類の体の秘密が、「肛門」である。魚は、基本的に口の反対側に肛門があり、外から見える。だがタコ・イカの肛門は外から見ることはできない。どうなっているかというと、胴体の中に肛門の開口部があるのだ。胴体の表面は「外套膜」と呼ばれ、筋肉の筒でできている。我々が刺身で美味しく食べているところだ。外套とは「マント」の古風な表現で、英語でも「マントル」と呼んでいる。

肛門も墨袋もこの外套膜の中に位置していて、肛門から出したものは海水と一緒に排出される。このような変わったやり方は、タコ・イカ独自の体の作りを決定づけている。

09 頭足類の起源、オウムガイ

オウムガイ　タコやイカの祖先にあたるオウムガイ。まだ殻を持っており、たくさんの触手を持つ。

「生きた化石」ともいわれるオウムガイは、実は頭足類の祖先だ。頭足類は貝から進化したのだが、オウムガイはちょうど他の貝類とタコ・イカの中間の形をしている。彼らの体を見ると、頭足類の体が今のようになった経緯が理解できる。

具体的には、軟体動物の共通祖先→原始的頭足類→直角貝などのオウムガイ類→現生のオウムガイと同じ形の巻き型オウムガイ→アンモナイトの仲間→現生のタコ・イカの仲間（鞘型類《しょうけいるい》）の順で生まれてきた。この中で生き残っているのは、オウムガイとタコ・イカだけで、あとは絶滅してしまった。

オウムガイの厚い貝殻は隔壁で仕切られていて、一番前側の部分に内臓を含む「身」が入っている。これは先に挙げた祖先の中で、原始的頭足類からアンモナイトまで共通している。オウムガイは頭の後ろがくびれていないので、頭と胴体の区別が難しいが、殻から出た部分が頭部で、殻の中の部分が胴部とい

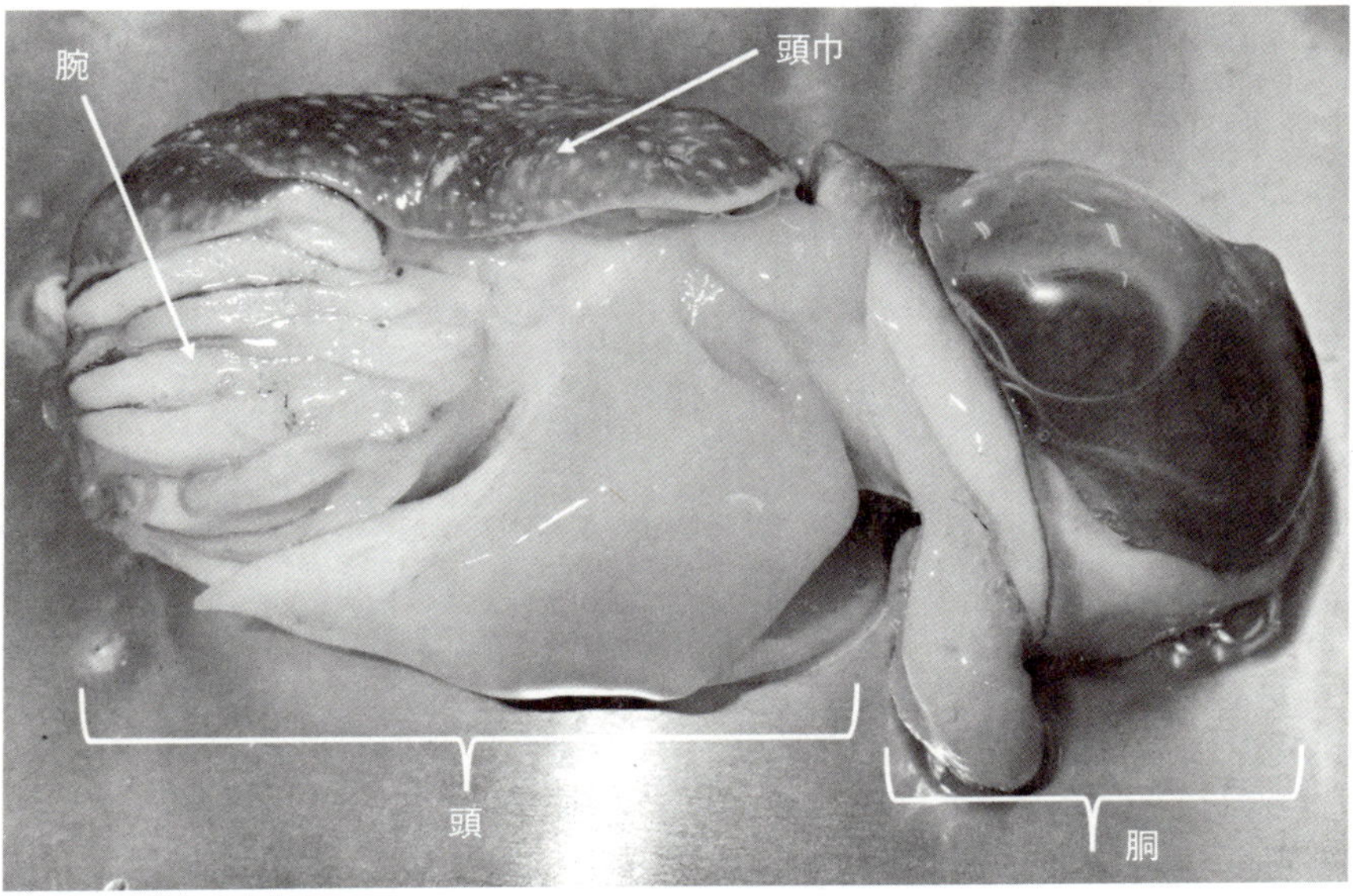

オウムガイの内臓　体を殻から取り出したところ。殻の外側から見える部分は頭部で、殻の中には内臓が詰まっている。

うことでいいだろう。

内臓の配置はイカとオウムガイで概ね共通なので、絶滅したアンモナイトも、ほとんどオウムガイと変わらない体だっただろうと推測ができる。

だが、オウムガイが頭足類と明らかに違うのは、まず腕の本数である。オウムガイには細いヒモ状の腕がたくさんある。腕に吸盤はないが、代わりに粘着質の液体を出して餌を貼りつけている。

オウムガイには、眼の横にも左右に1本ずつ短い腕が生えている。これでは獲物を捕まえる役目ははたせそうにないので、触角のようなものだと思われる。腕を使って味を感じつつ、獲物を捕まえるのは、タコ・イカもオウムガイも同じようだ。

次に眼の上にある頭巾の部分である。オウムガイは眼の上に三角形の固い庇《ひさし》がついていて、殻に体を引っ込めたときの蓋になっている。少し昔のアンモナイトの復元図では、オウムガイの体を参考にして、多くの触手と頭巾が描かれていることが多いが、最新の研究では、この頭巾はオウムガイ独自のものであることがわかっている。

10

頭足類の卵

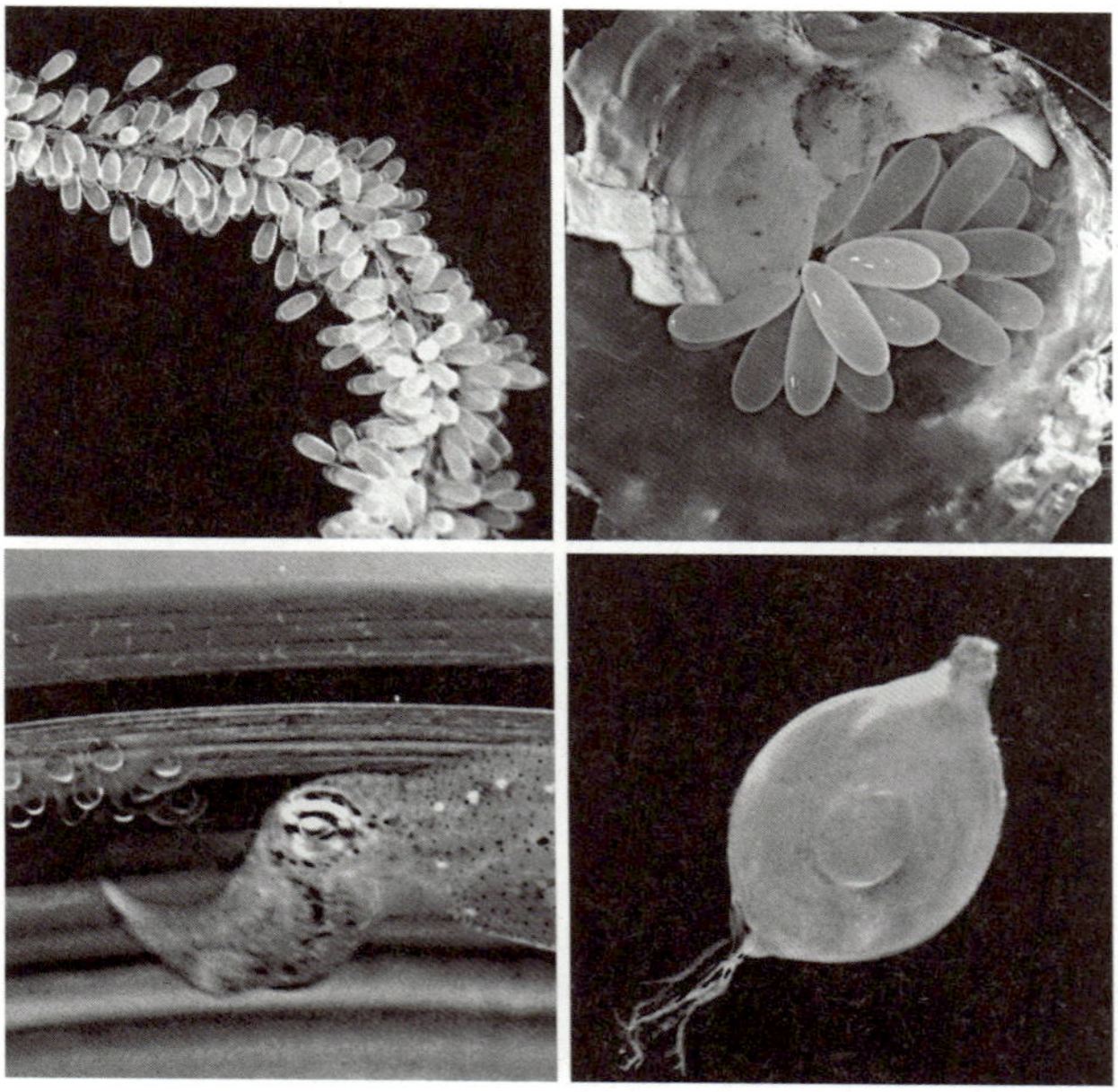

卵の中の「胚」 上段は左からマダコ、イイダコの卵。下段は左からヒメイカ、コウイカの卵。いずれも親と同じ形をしている。これをヒトと同じ「直達発生型」と呼ぶ。

タコ・イカは知られているすべての種類が卵生、つまり卵の中で体が形作られて生まれてくる。卵の中の体の作り方のパターン（=胚発生）をつぶさに眺めるとその動物の特徴がわかってくる。そしてタコとイカの卵を比べると、共通点と異なる点がある。

共通点は卵の中に親と一緒の形の「ミニタコ・イカ」ができることだ。生まれた子どもは親と同じ体形をしており、ほぼ親のミニチュアである。卵の中に親の形が直にできてくるので、直達発生型と呼ばれている。ヒトや哺乳類の胎児はこのタイプばかりなので、不思議には思わないかもしれないが、海の動物では子どもと大人の形が異なる間接発生型の生き物が多い。ウニなどではしばらく海中を漂うプランクトン生活を送り、1か月前後経ってから変態して、着底してようやく親と同じように生活し始める。

タコとイカの卵の違いは、卵を包む殻の形状である。タコの一個一個の卵は裸で、細い紐で束ねられ

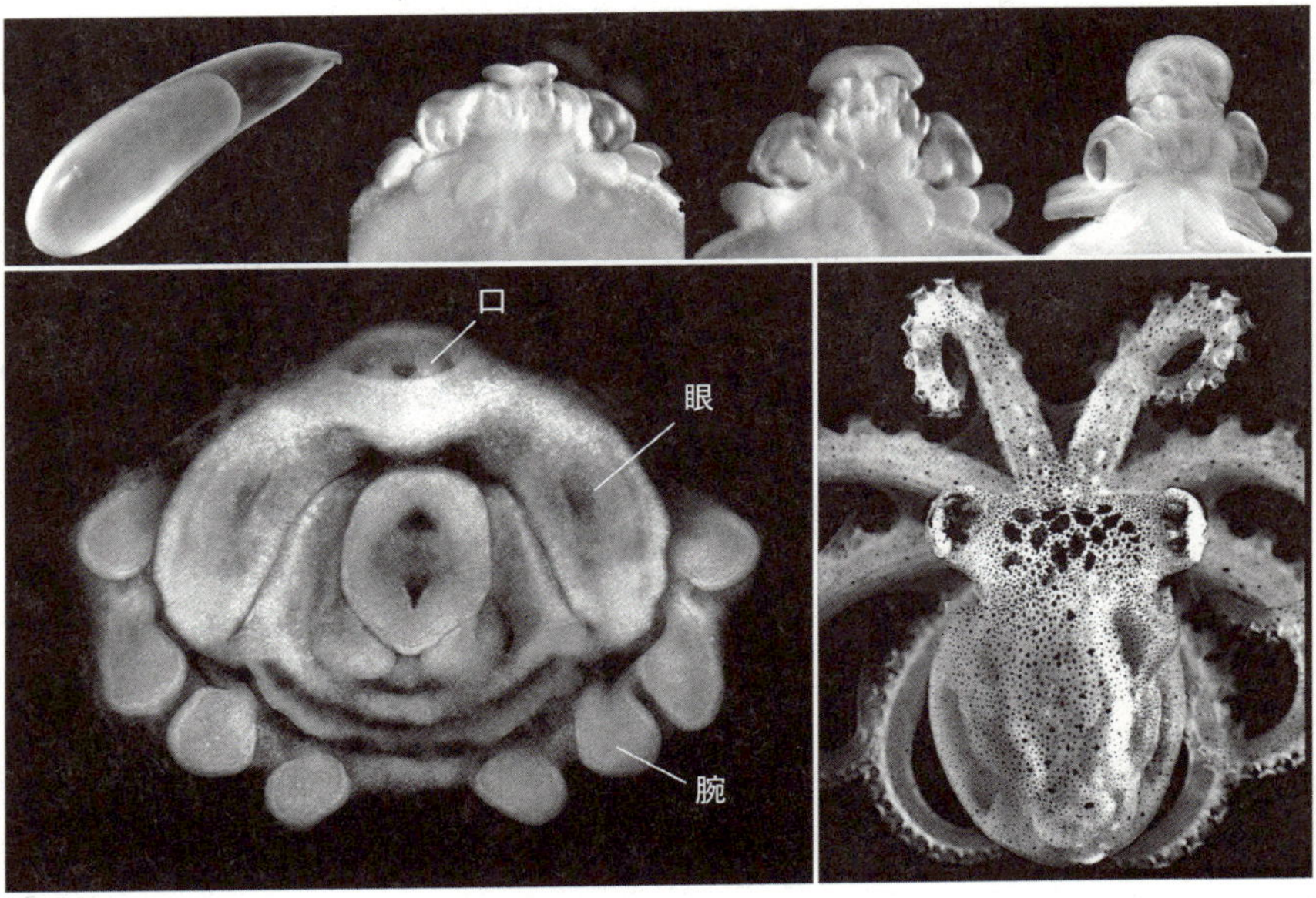

頭足類の「発生」

上段左から、卵の中でタコの体が立ち上がるように作られていく様子。下段左は、はじめは平らに配置されている各臓器。下段右は、生まれるころには大人の体になっている様子。

た束状になっている。これに対して、イカの卵は一個一個をゼリー状の卵殻で包む。このゼリーはとても強靭な上に乾燥からも卵を守っており、浅瀬に卵を生むアオリイカやコウイカの卵は、潮が引いて卵が水の上に出てもしばらくは平気である。母ダコが卵を保護するタコと違い、イカは産みっぱなしなのでゼリーで保護するのだろう。

　卵のサイズは種によって大きく異なる。特に大きいのはイイダコやアオリイカで、卵の長径は1㎝に達する。小さいものにはマダコやミズダコなどがいる。特に小さいのはホタルイカやスルメイカで、ホタルイカなどは、小さすぎて餌が食べられない未熟な状態で生まれてくる。

　実は巨大なテカギイカも小卵タイプで、数㎜の卵から数㎜の子どもが生まれる。体の割に卵が小さいので一度に大量の卵を産むことができる。カウントされた事例はないが、数百万個に及ぶだろうか。大量の卵を海に流し、その中から数匹が生き残って親になればいいという戦略をとっている。

11

オウムガイの脚の謎

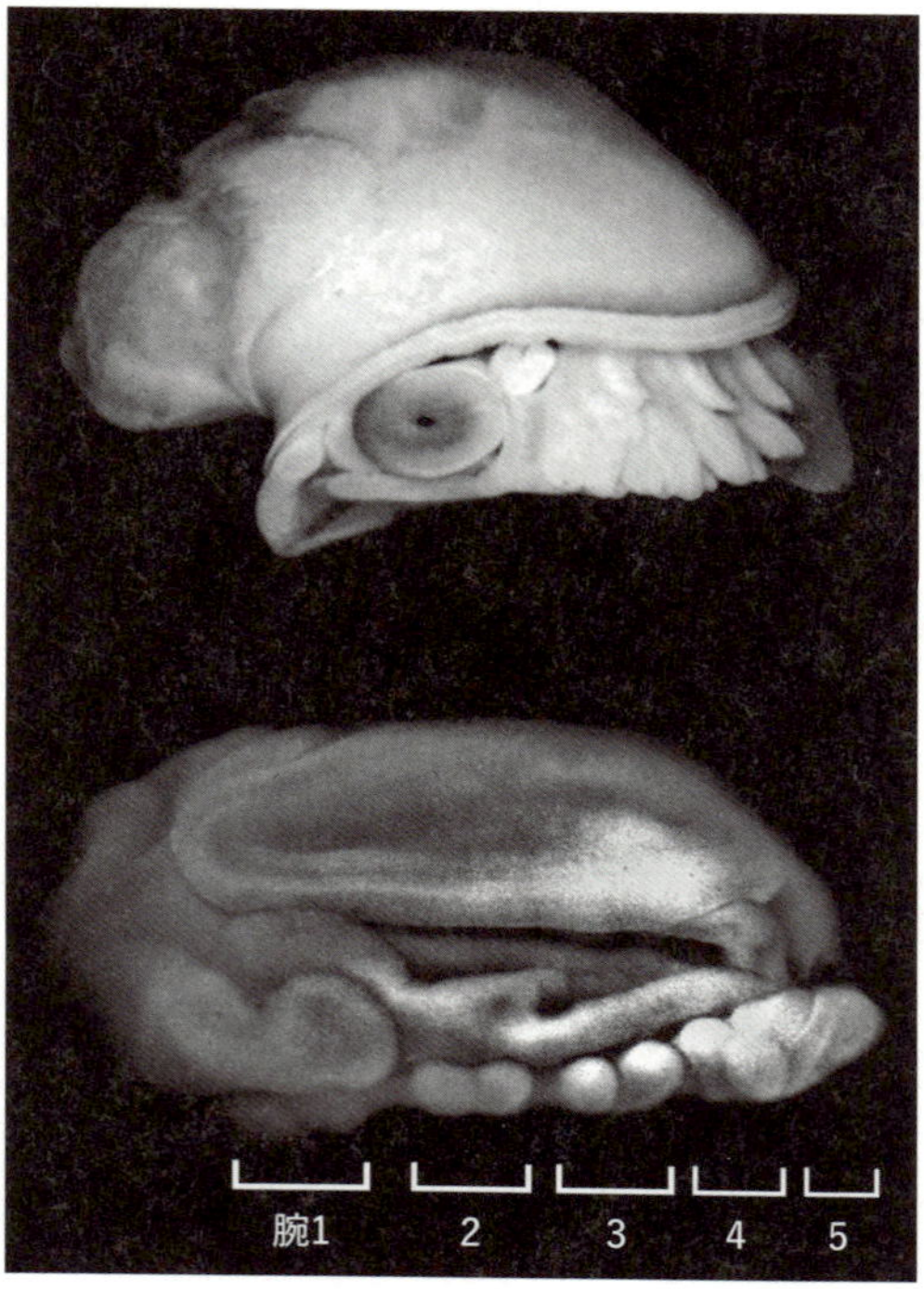

オウムガイの「胚」

胚とは卵の中の孵化する前の段階を指す。タコ・イカとオウムガイ、そして祖先の貝類の胚はよく似ている。100本近い腕を持つオウムガイだが、この段階での腕は5本の部位に分かれている。

一見すると異質なオウムガイからタコ・イカへの進化を理解する重要な情報は、卵の中に詰まっている。オウムガイの成体は、腕の数と頭巾《ずきん》がタコ・イカとは異なる。ご存じのとおりイカは10本、タコは8本の腕を持つが、オウムガイは50本を越える細く分かれた触手を持つ（オスで66本、メスではさらに24〜26本多く80本を超える）。また、頭部に庇《ひさし》のような「頭巾」があるのもタコ・イカとの大きな違いである。

オウムガイはタコ・イカの祖先に近い存在だが、100本近い腕をどう変形させればタコ・イカの脚になるのかは長らく謎とされていた。しかし、本書の著者の一人でもある滋野らによるオウムガイの卵の研究はその謎を解くための衝撃的なヒントをもたらした。なんとオウムガイも卵の段階では腕が10本の段階があるのだ。その後「腕原基」という膨らみがまず10個でき、分割を繰り返して100本近い腕と頭巾を作ることが明らかになった。オウムガイの腕10

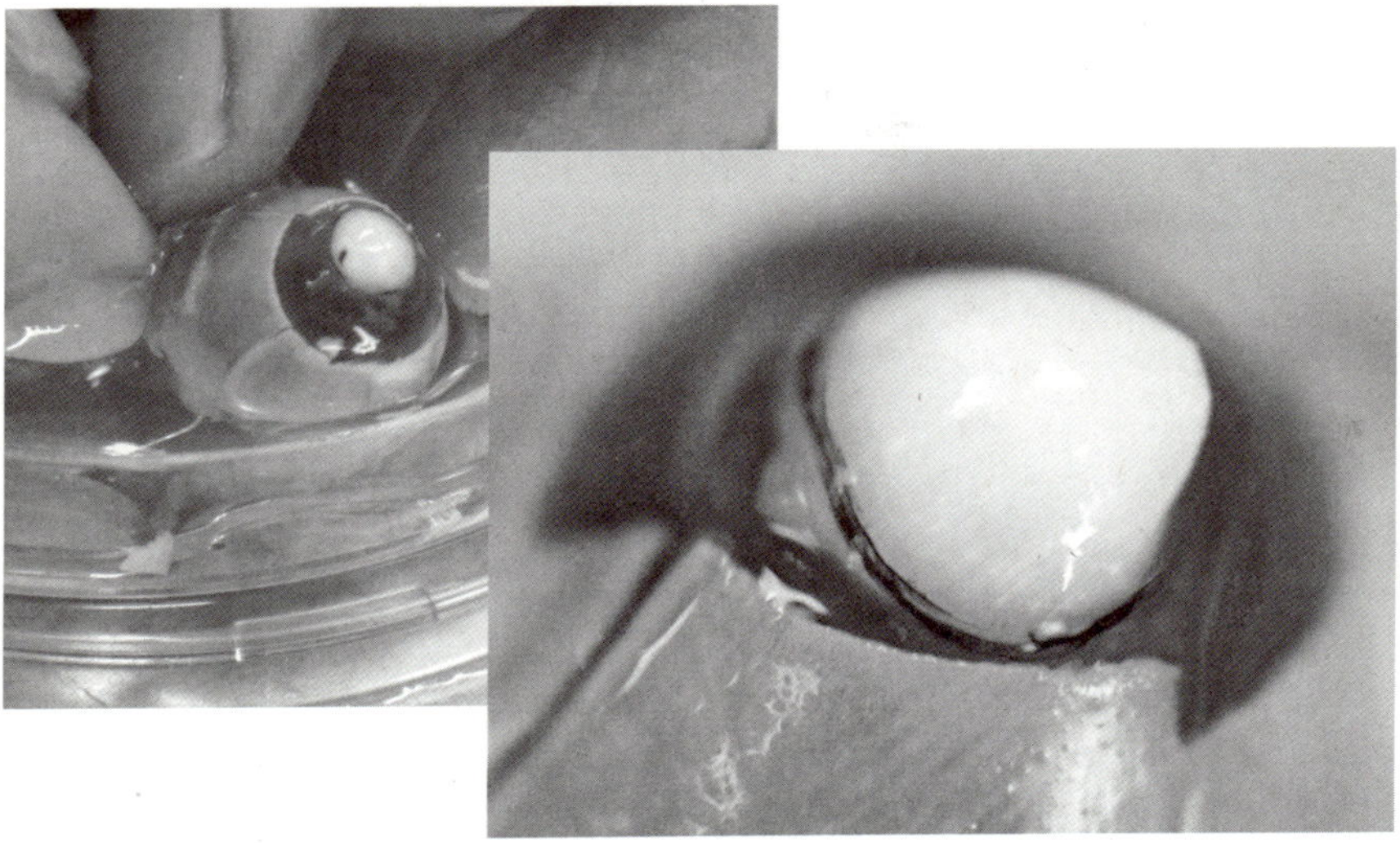

オウムガイの卵　硬い殻を開くと胚が見える。卵は大きく、卵黄はうずら卵並みのサイズ。孵化まではこの後ほぼ1年待つ必要がある。

本の段階をちょっと変形させればタコ・イカの進化が完成するわけだ。

さらにこの発見は、絶滅したアンモナイトの体の推定にも役立つ。実はアンモナイトは生身の部分の化石がなく、腕の本数はわからなかった。今回の研究によれば、タコ・イカも卵段階のオウムガイも10本なら、アンモナイトも10本でいいだろうということになる（タコのように8本に減る進化はありうる）。

卵の中にいる孵化前の段階を胚と呼ぶが、発生途中のオウムガイの胚は、驚くほどタコ・イカの胚に似ている。オウムガイの体の途中段階に腕10本のステージがあるということは、タコやイカ類の体の基本設計は、数億年前にオウムガイの中に存在していたことを示している。頭足類の体の見た目は数億年の間に大きく変わっているように見えるが、実は一貫した体を持っているという意外で魅力的な大発見だった。

相葉（2024）によると、この論文の発表以降、古生物学ではアンモナイトの復元画に変化が見られ、アンモナイトは腕が10本で頭巾がない、殻ありのイカのような姿として復元されるようになった。

12

貝殻を捨てたタコとイカ

プレクトロノセラス　カンブリア紀に生息していた頭足類の先祖。巻貝のようだが、殻の奥に空気を貯めて浮くことができた。スミソニアン国立自然史博物館の模型を撮影。

頭足類の成り立ちを考えるのに、貝殻の話は避けては通れない。最初の頭足類は古くカンブリア紀に遡れるが、そのころの地層からはオウムガイの遠いご先祖であるプレクトロノセラス（Plectronoceras）などの化石が出ている。

プレクトロノセラスは巻貝のような形をしていたが、他の貝類とは違い、殻の奥に空気を溜める部屋＝気室を持っている。これは現生のオウムガイでも同じだ。気室には内臓は入っておらず、ほぼ空っぽである。そして体から伸びた連室細管という組織が気室に空気を充填して浮力を生むことで、重い殻を背負っていても海水中でずっと浮けるのだ。同じように殻を持っていてもサザエやアワビなどが浮くことはなく、空気を使って水中に浮く戦略は頭足類特有のものだ。

貝殻の基本的な機能は、やはり防御だ。巻貝はいざというときは殻に閉じ籠もって背中側を守る。これに対して、浮力を生み出すことに成功した初期頭

原始的な頭足類の構造　オウムガイの殻の断面図（千葉県立中央博物館で撮影）。連室細管という組織から殻の奥の気室に空気を充填し、浮くことができた。その結果、脚が自由になり、腕のように進化していったと考えられる。

足類は異なる戦略をとった。浮いていれば素早く移動して逃げればいいのだ。

こうして脚が自由になったことで、伸ばせば獲物を捕まえられるようになり、腕の進化が始まったと考えられる。浮いている頭足類は機動力に特化し、食う側として進化したようだ。

つまり、頭足類は殻を使って浮かぶことで、自由に動かせる眼と腕が発達し、獲物を捕まえるように進化した。

そして空間視ができて腕が自由に使えることは、脳神経の発達を促したであろう。カンブリア紀はちょうど視覚の発達による軍拡競争が始まった時代といわれており、視覚を発達させた動物は食う側に回り、食われる側は防御方法を発達させた。これは、カンブリア紀が眼の進化の時代とした、パーカー（2006）による「光スイッチ説」ともぴったり一致する。その後時代は下って4億年前のデボン紀になり、オウムガイを経てアンモナイトが登場するころになると、泳ぐ能力の進化はさらに加速した。

13

タコとイカに残る貝殻の痕跡

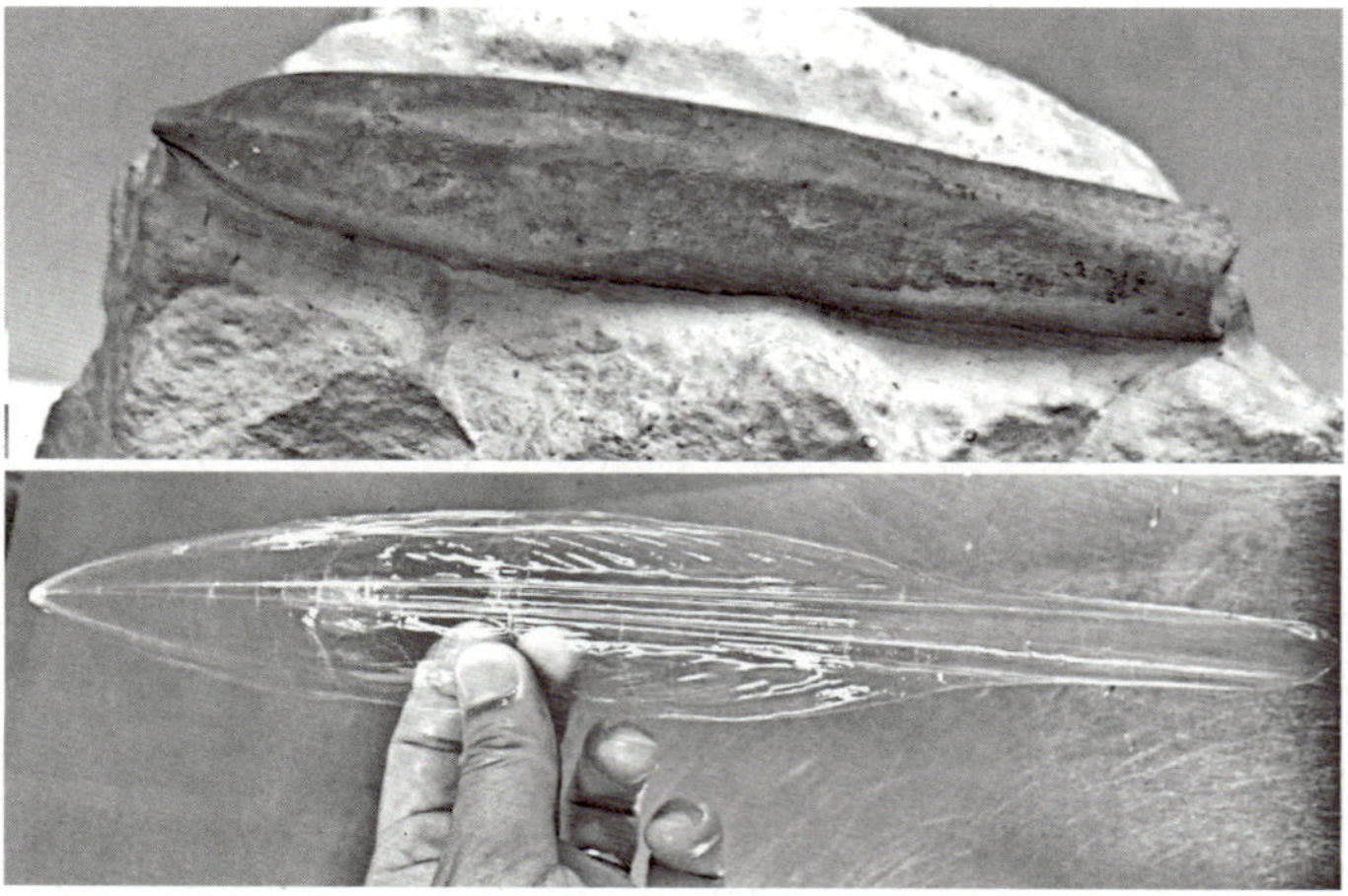

ベレムナイトの化石（上）とアオリイカの軟骨（下）

ベレムナイトはイカの祖先と考えられる生物で、矢尻のような形の骨格が非常に多く見つかっている。写真は筆者（吉田）所蔵のジュラ紀のもの。下の写真はアオリイカの軟骨で、プラスチックのような質感である。どちらも貝殻が退化した痕跡だと考えられている。

殻を持たない、現生のタコ・イカのような生物が出現したのは、恐竜が栄えていた中生代である。中生代の石炭紀からペルム紀に、アンモナイトの中からせっかくの浮力や防御に繋がる殻を捨て、泳ぎに特化したベレムナイト（矢石類《やいしるい》）やコウモリダコ類が現れる。彼らはアンモナイトと共存しながら、暖かい中生代の海で繁栄していった。

ベレムナイトは膨大な量の化石が出ているが、軟体部の印象化石（泥に埋もれた死骸の輪郭が化石として残ったもの）から、ほとんど現在のイカのような姿をしていたと考えられている。別名である「矢石」の名前は胴体の先端にある矢尻のような骨格からきていて、現在のコウイカの甲の後ろ半分に、親指大の石が入っているような姿といえばいいだろうか。

コウモリダコは現在も深海に生き残っており、文字通り生きた化石の姿を見ることができる。その体はイカとタコの中間のような形状で、8本腕に加え

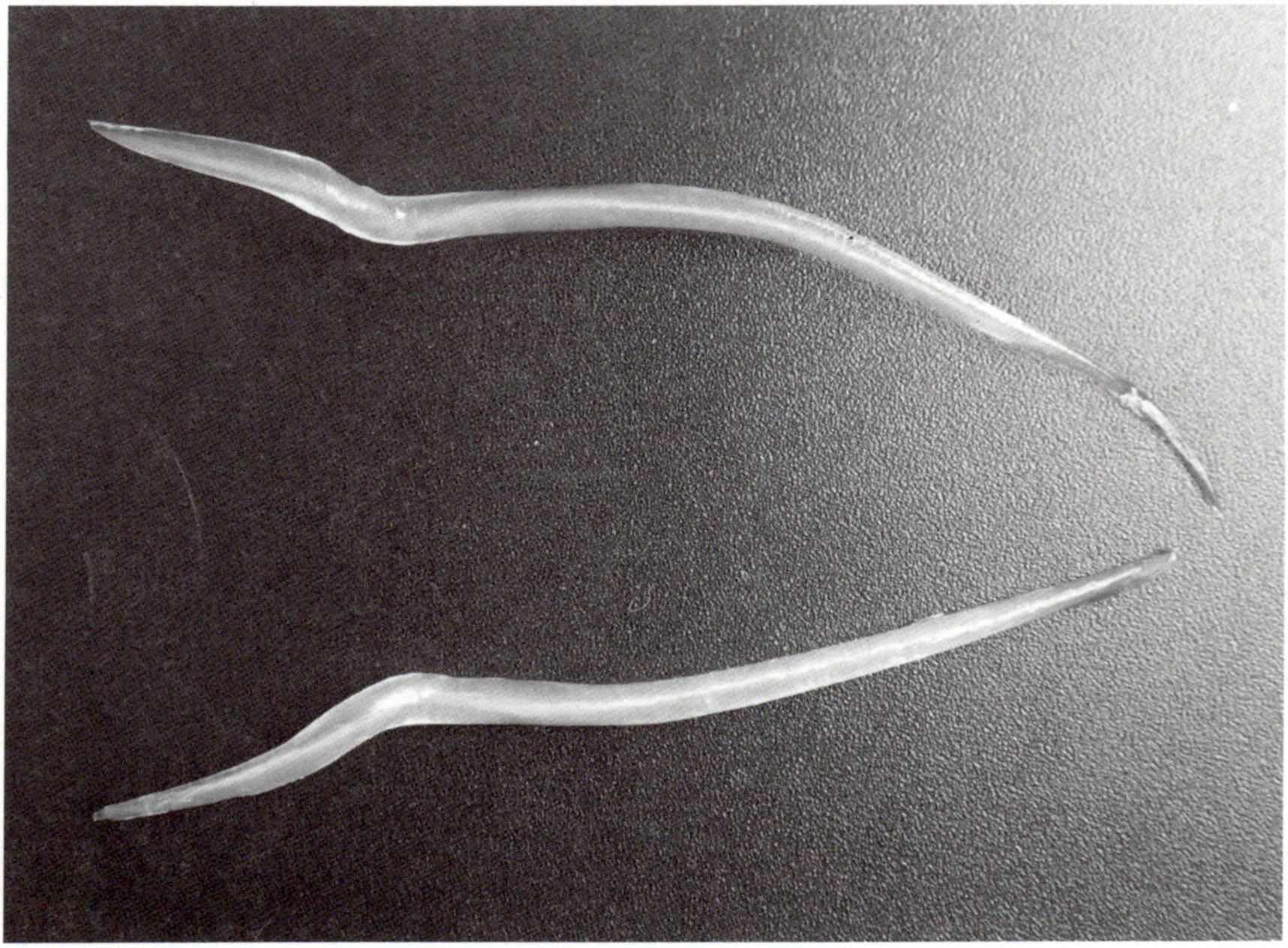

タコのスタイレット　大きなタコが持つ針のような形の骨。祖先が持っていた貝殻の名残だ。

て非常に細いヒモ状のフィラメントが2本もあり、10本腕とも呼べるような体である。

コウモリダコは矢石のような固い甲は失ったが、イカのような軟甲が背中に入っている。化石時代のコウモリダコ類も、既に現在のタコ類と同じような外見をしていたと推測される。

その後、恐竜大絶滅の影響で90%に及ぶ海洋動物が絶滅したとされる。アンモナイトや三葉虫は耐えきれず絶滅したが、タコ・イカ類（とごく一部のオウムガイも）は生き残った。殻の退化と引き換えに「外套膜」という泳ぐための筋肉を発達させたのがタコ・イカの歴史ということになりそうだ。

今のタコ・イカにも貝殻の名残がある。イカの、まるでプラスチックのように見える細長く透明な軟甲や、大型のタコが持つスタイレットと呼ばれる針状の骨がそれだ。軟甲やスタイレットは貝殻が退化した痕跡であり、今はタコ・イカが泳ぐための筋肉の足場としてまだ利用されている。

14

殻を2度作ったカイダコ

カイダコの殻

山陰の海岸で見られる。美しさからビーチコーマーには人気。

山陰の海岸で時々見られる、カイダコ（アオイガイ、タコブネとも）という、貝殻を持つ生物について聞いたことはあるだろうか。冬の海岸でごく稀に見られるもので、漂着物を拾うのを趣味にする人々にとっては垂涎の的である美しい貝殻を持つ。そして実は、カイダコはタコである。

一般にタコの仲間は殻を持たない。タコの遠い祖先であるオウムガイは背中に貝を持っていたが、現在のタコの系統が生まれたときに殻を失ったことがわかっている。タコをいくら解剖しても、背中には殻もないし、イカのような軟甲も入っていない。ミズダコのような大型のタコには、たまに細い針状の軟骨（スタイレットと呼ばれる）が入っていることがあるが、軟甲やスタイレットは貝殻が退化した痕跡である。

つまり、カイダコは進化の過程で一旦失ったはずの殻を、最近になって（それでも100万年ほど昔では

カイダコ

タコは進化の過程で貝殻を失ったが、カイダコはそれを復活させた。

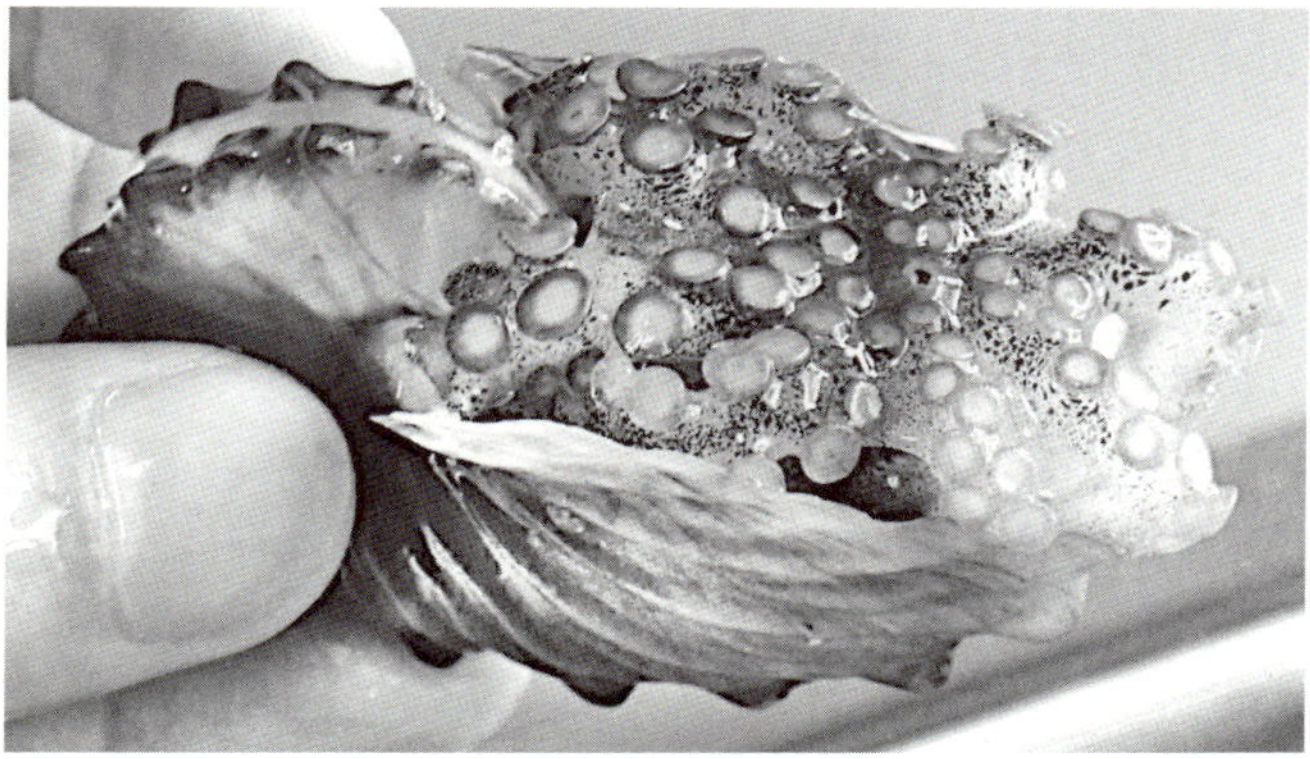

カイダコの脚

カイダコをひっくり返したところ。タコらしい脚が見える。


あるが）再び獲得したことになる。

　タコの祖先の化石は中生代のジュラ紀から現れるが、そのころは現生のコウモリダコに近い形をしていた。そして古代タコの生き残りであるコウモリダコの胴体を開けると、少し幅広で透明感のある、プラスチックのような板状の軟甲が入っている。これは、タコの祖先はジュラ紀には既に貝殻を失っており、今のイカの軟骨のように体内に収納した薄い板になっていたことを示している。

　ここで不思議なのは、カイダコは一旦失った殻をどうやって復活させたのかだ。貝殻とはそんな簡単に出現したり消えたりしないだろう。

　さらに、貝殻を作るために必要な遺伝子はどこからやってきたのか。一度〝貝殻合成能力〟を失ったタコには、貝殻遺伝子などはもはや必要ないはずだからだ。そこで著者（吉田）らがカイダコの遺伝子解析を行ったところ、カイダコの殻を作るための遺伝子セットは、他の貝とは90％以上異なることが判明した。カイダコの殻はタコが新しく作り直したものだったのである。

15

甲を持つコウイカ

ミサキコウイカ

日本に多く生息するコウイカの一種。いずれも、体内に浮力を調節する「甲」があるのが特徴。

コウイカの仲間は、体内に浮力を調節する「甲」があることからその名がついている。地域によってはカイイカ、スミイカなどとも呼ばれる。他のイカと比べて墨袋が大きく、釣り上げるとよくぞここまでと思われるくらい大量の墨を吐く。イカスミスパゲッティが生まれた地である地中海周辺でも、イカスミといえばコウイカである。

日本産のコウイカ類は、いくつかのタイプに分類される。一番身近なのがコウイカやカミナリイカなど中型で、甲の後ろにあるトゲの目立つグループである。漁業的にもコウイカといえばこの仲間を指す。次に、熱帯性のグループで、コブシメとハナイカがいる。派手な体色で、イカ同士でコミュニケーションする様子が撮影されている魅力的なグループである。この種も立派な甲を備えているが、トゲは持たない。

シリヤケイカという名前のコウイカもいる。他のコウイカより泳ぎが達者で生活様式も少し異なるよ

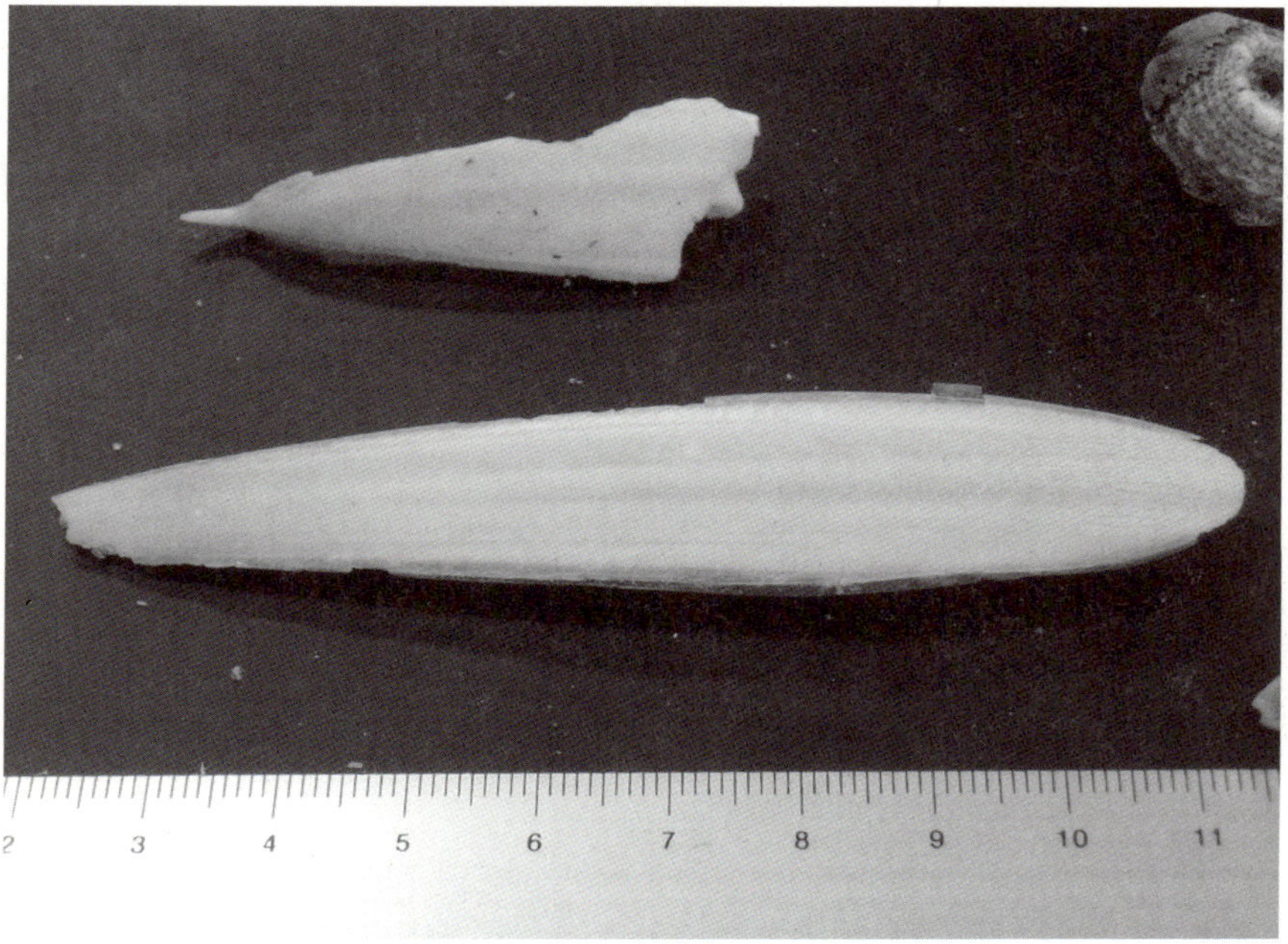

ヒメコウイカの甲　幅が他のコウイカよりも細く、退化している。そのため浮遊力が低く、やや深い海に生息する。うっすら赤い。

うだが、瀬戸内海や東京湾などではコウイカと同じくよく獲れる。この種の甲も後端のトゲがなく、代わりに、赤っぽい粘液を出す穴が開いている。釣り上げると、この液で後端が焼けているかのように赤く見えるのが、〝尻焼け〟の由来である。

最も注目したいのが、ヒメコウイカを代表とする赤くて細い甲を持つ種類である。実は日本で最も繁栄を遂げたのはこのヒメコウイカ種群で、特徴は、甲の幅が狭いことである。

コウイカの甲は、内面に空気を溜める層がある発泡スチロールのような構造をしている。当然、甲の体積が大きい方が多くのガスを溜められるので、浮遊性に優れている。ヒメコウイカの仲間は甲が退化傾向にあるため浮遊力が低い。その分、海の深いところまで潜れるようになり、他のコウイカが住んでいない、大陸棚斜面と呼ばれる少し深場（水深50〜200m）を好む。赤い細い甲がたくさん落ちている砂浜があるが、その海の少し深場にはヒメコウイカがたくさん泳いでいるだろう。普通のコウイカと同じで身が厚く、美味しいイカである。

16

頭足類の3つの心臓

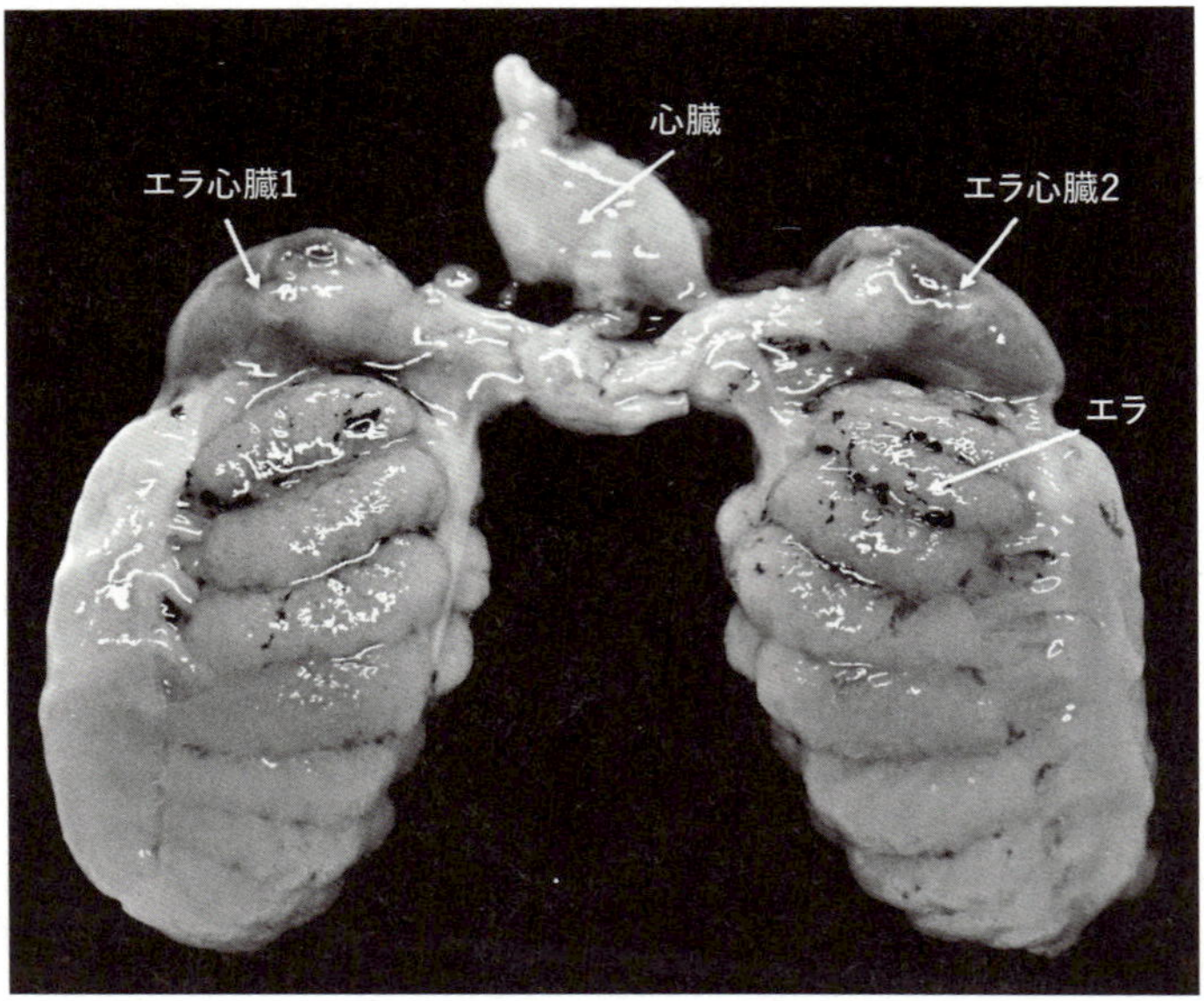

マダコのエラと「エラ心臓」 二つのエラの上部にそれぞれ小さな心臓が付随している。血流を確保するための追加の心臓だ。

頭足類は3つの心臓を持っている。中心の心臓一つに加えて、左右のエラに「エラ心臓」と呼ばれる血液を送り込むポンプがついており、合計3個である。これは、活発な活動を支える血流を確保するために追加された心臓だと思われる。頭足類は無脊椎動物としては特別に高い血圧を持つが、それは獲物を追いかけて捕食するのに、全身に早く血液を送る必要があるためだ。

興味深いのは、3つある心臓の筋収縮が、神経系に関係なく続いていることである。心臓を切り離しても単体でしばらく拍動を続けるのだが、このような心臓は珍しい。

ヒトなどの哺乳類も酸素を大量に使い、その分血液を運ぶ必要があるのだが、心臓に間仕切りをすることで解決している。1個の心臓の右の部屋（右心房・右心室）は肺に血液を運び、左の部屋は体の下方に血液を送っている。これも考えようによっては変

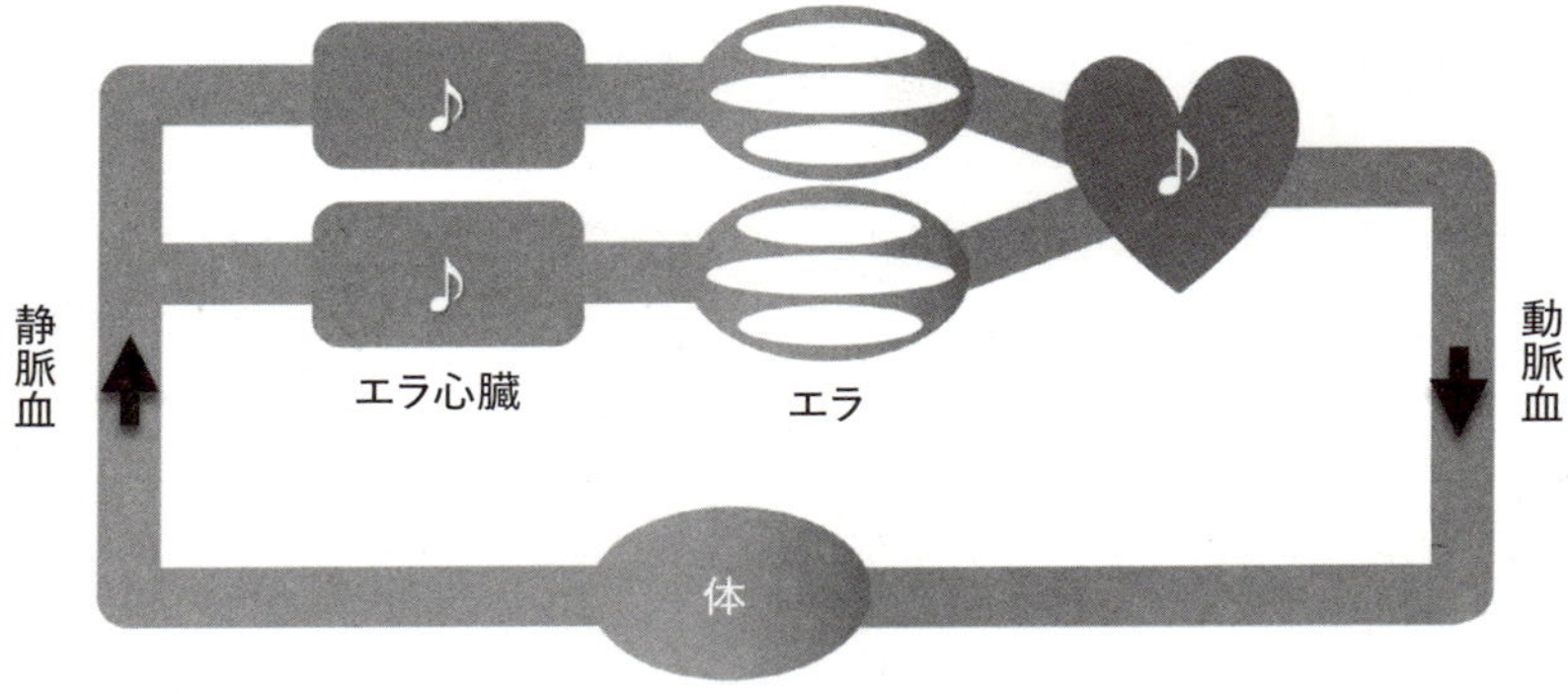

マダコの血液循環　二つのエラ心臓に入った血流はエラに向かって押し出され、その後メインの心臓で合流する。心臓とエラ心臓のそれぞれが独立してリズム（♪で表したもの）を刻んでいるのがタコの独特なところである。

わった方法である。

頭足類の中心の心臓は、遺伝子や発生の研究から、我々の持つ心臓と進化的に「相同」、つまり共通祖先が持っていた同じ心臓に起源を持つと考えられている。真ん中に1個の心臓があるのが動物の基本形なのだが、頭足類以外にも、メインの心臓に加えて循環系の重要なポイントに付属の血液ポンプを持っているものがいる。たとえば、昆虫は翅《はね》や四肢に付属心臓を持っているが、これは、羽化のときに体液を送って翅や脚を伸ばすためである。

原始的な魚であるヌタウナギは、尾にも心臓を持っている。ヌタウナギは進化の途上にあるためか、血管系の発達が悪く血圧も低く、じっとしていると体の端に血液が滞ってしまう。これはヒトであれば下肢静脈瘤などの病気に繋がってしまう状態である。そのため、ヌタウナギは体の末端にある血液を尾部の心臓を使って循環させている。

このように、体の各部に追加の「サブ心臓」がある動物は実は多いのだが、頭足類はサブ心臓を2つも持つ極端な例である。

17

日本で愛されるメンダコ

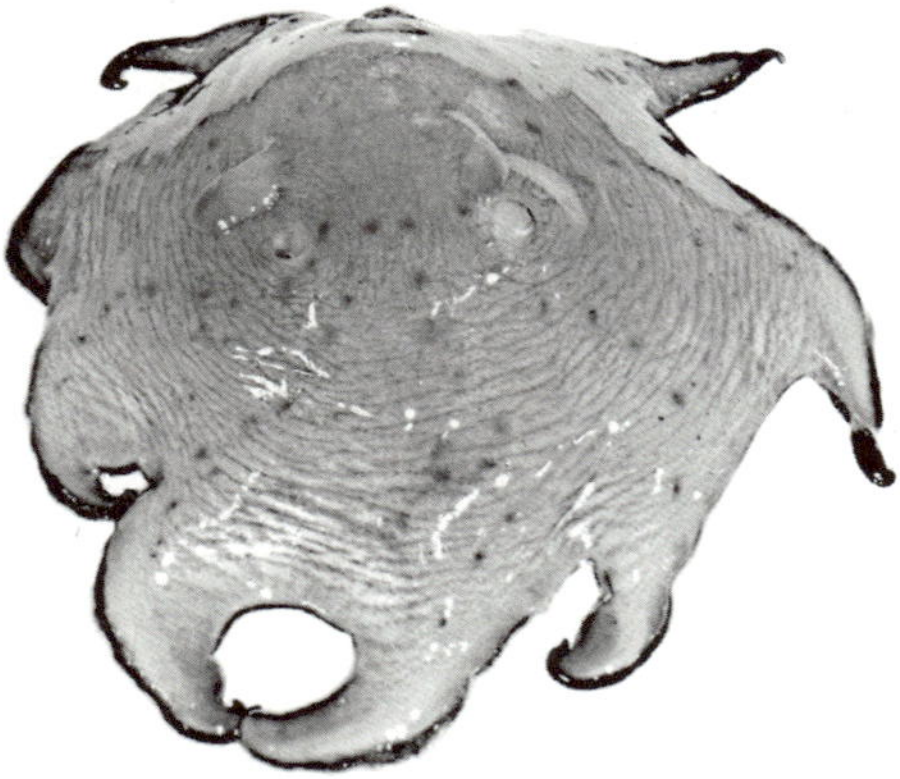

メンダコ
深海に住み、水中ではクラゲのように浮遊している。

♂

♀

日本ではタコ・イカ図鑑や頭足類のキャラクター商品によくメンダコが出てくる。深海に住む、変わった形のメンダコは世界的にはかなり希少なタコなのだが、日本ではやけに身近である。そして日本ではこのメンダコの実物を見られる場所がある。静岡県の戸田漁港と沼津港である。

メンダコの平たい体は深海の水圧に適応した結果であり、海中ではクラゲのようにふわふわと浮遊しているが、引き上げられると柔らかい体がぺっちゃんこになってしまう。実際の生きている姿は、機会があればぜひ水族館で見ていただきたい。

日本でメンダコが身近になったのは、深海漁が盛んな日本の土地柄と、それを使った地域おこしの努力があるためだ。メンダコが捕れる戸田港や沼津港では、昔から深海魚漁が盛んである。熊野灘や駿河湾は一挙に水深が深くなっているために、他の海域では見られない深海生物が港から比較的近い場所で

サメハダホオズキイカ

島根県の隠岐諸島で見つかった深海イカの一種。深海イカは狙って採集することができず、研究が難しい。

獲れる。この漁で獲れた魚介類の「漁労屑」として捨てられるものの中に希少な深海生物が交ざっていることがあり、海洋生物研究者の間では知られていた。明治時代には、ここでしか捕れない深海生物を見に、米国やヨーロッパの海洋生物学者が訪れた記録が残っている。メンダコが見られるのは、世界的にも特別なことなのだ。

２０００年代に入ってからは地元の地道な宣伝活動により、深海魚が地域の名産として観光の目玉になっている。戸田では深海魚直送便としてネット通販を行っており、食用・観察用に全国で深海生物を購入できる。また、沼津深海魚水族館は深海生物の生体展示に力を入れており、他の水族館では見られない生物がいる。沼津港では深海魚のすり身などを食べて楽しめる施設が充実しているのも魅力だ。

なお、深海のイカについて正確なところはわかっていないが、深海生物の食事の大部分がイカによって支えられていることがわかってきている。たとえば、マッコウクジラはほとんどイカだけを食べて巨大な体を維持している。

18

イカの年齢を知る方法

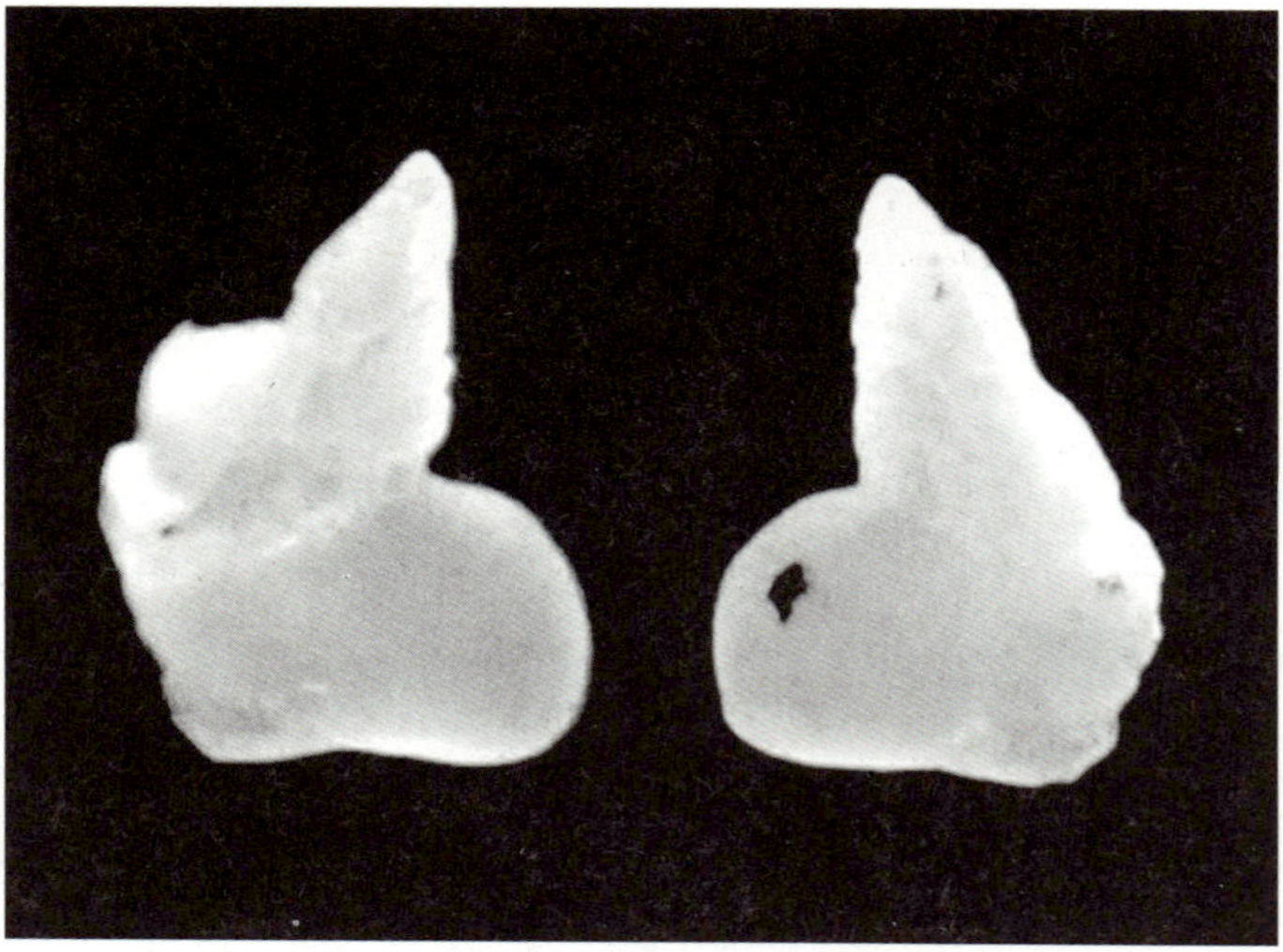

アオリイカの耳石　イカの「平衡胞」の中に入っている。日輪が形成され、年齢や育った環境がわかる。

耳石（平衡石《へいこうせき》）は、動物の耳の中にある小さな石で、平衡感覚を司る「内耳」という場所に入っている。体の傾きに応じて耳石が動くことで、動物は体の向きや加速を検知するのだ。

ザリガニなどのエビの仲間の一部は文字通り外から石を拾って耳石として使っているが、多くの動物は自分で分泌した成分から石を作る。自力で石を作る、この「生体鉱物化」という現象がないと、重力を感知できず、常にめまいがする酷い状態に陥ってしまう。

動物の耳石では魚類のものが有名だ。シログチという魚の耳石は特に大きく、1㎝程度にもなることから、別名イシモチと呼ばれる。

さて、その石を削ると木の年輪のような模様が見えてくる。これは概ね一日に1本が形成されることがわかっており、数えることで年（日）齢を調べることができる。また、耳石は自分で分泌した成分で

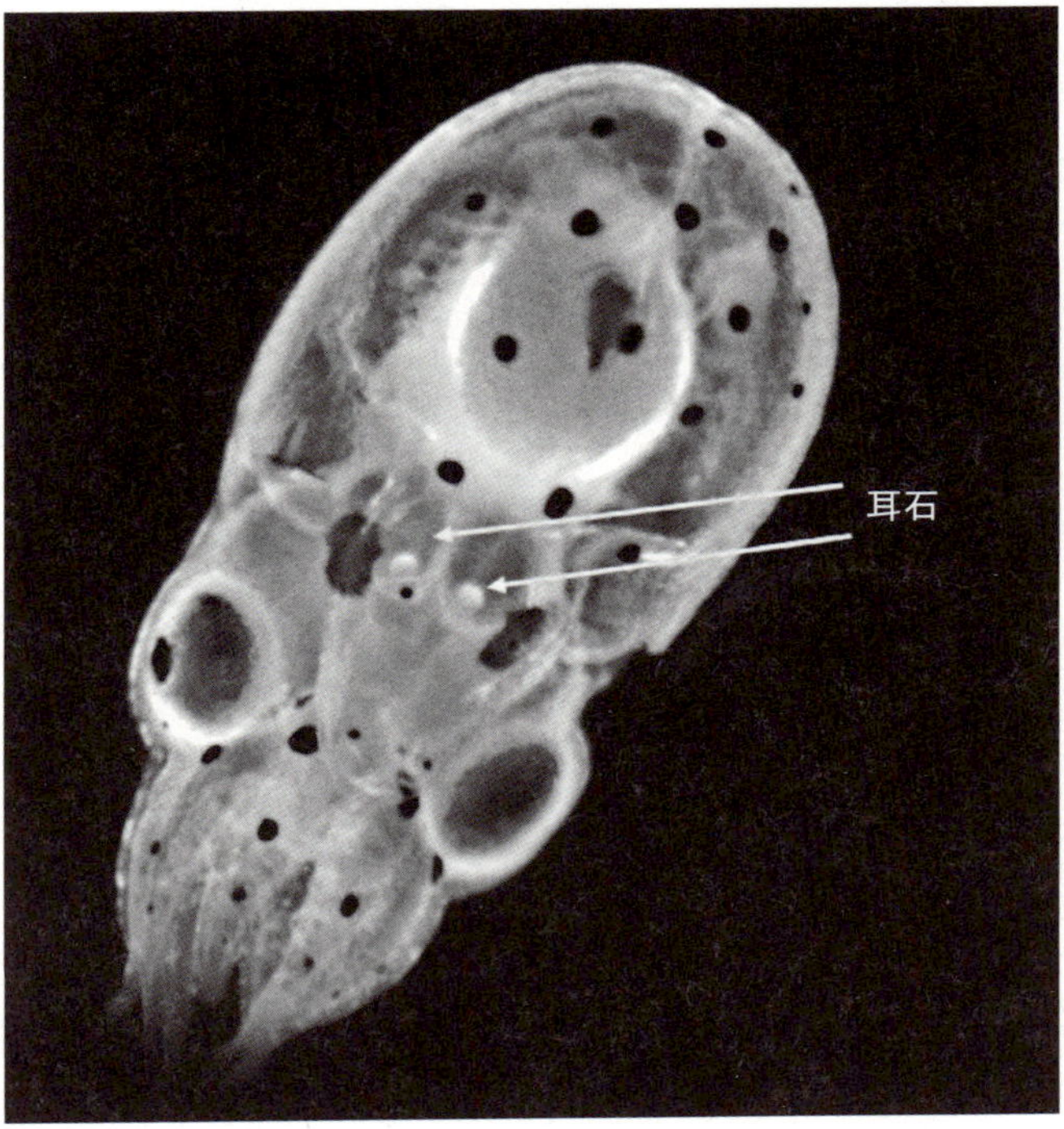

マダコの幼生

子どものころは耳石を外から見ることができる。

作られるため、温度や水深によって少しずつ成分が変化する。耳石はその動物の生きてきた履歴を物語るのだ。ただし、その模様を見るために耳石を削るのは簡単ではなく、全国の水産試験場などで培われた職人技が必要だ。

我らがタコ・イカには音を感じる耳のような器官はないが、体の向きは感知している。腹側に2個の耳石を持った平衡胞という器官があるからだ。

その耳石は、魚より小さめで1㎜程度である。ヒトが食べても気づかないくらいだが、研究上は重要な部位だ。イカの耳石には魚のように日輪が形成されることがわかっており、生まれた場所の水温などで成分が変わる。この性質を利用して、スルメイカやケンサキイカの産卵場所を推定する研究が行われている。

筆者（吉田）が行ったダイオウイカの公開解剖では、この耳石を取り出すことに成功した。体長は４mもあったが、耳石は1・5㎜ほどと小さかった。この耳石は、ダイオウイカの年齢査定という史上初の試みに使われる予定だ。

19

9つの脳を持つタコ

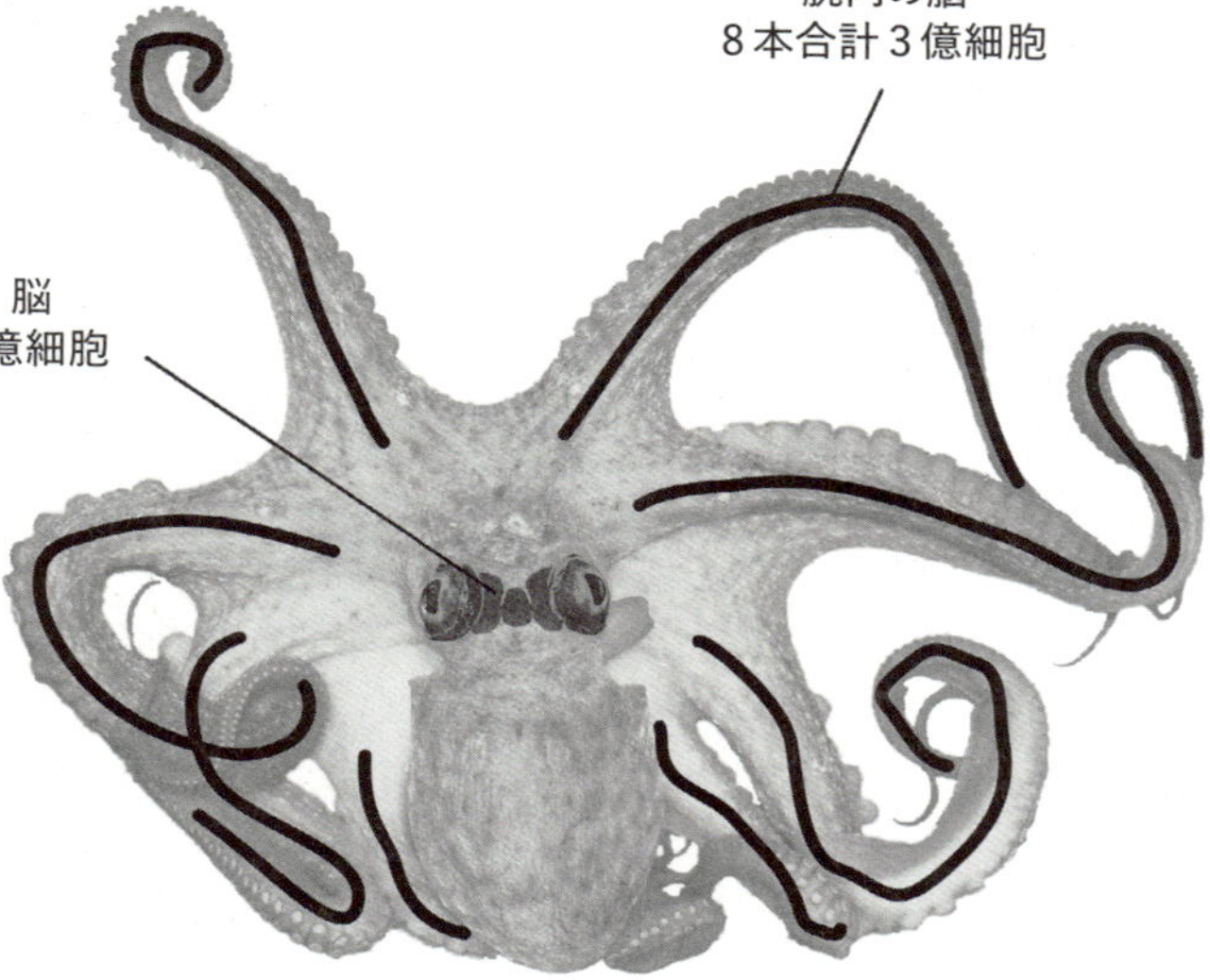

タコの9つの脳　タコの腕内の脳と、繋がっている目玉。この脳だけでも神経細胞の数は1億個以上ある。

タコの仲間が「知能が高い」といわれるのには大きく二つの根拠がある。一つは彼らの見せる行動の複雑さである。水槽の外で人がねじ蓋の瓶を開ける様子を見たマダコは、それを真似て蓋を開けられる。このような観察学習による瓶開け行動は高い知能と認知を感じさせる。

もう一つは、神経系に含まれる神経細胞の数がものすごく多いという脳の物理的な複雑さである。脳神経はネットワークとして働く電気回路なので、神経細胞の数が多いとそれだけ複雑な情報処理が可能になる。

頭足類の脳は9個あるといわれると、読者の方はギョッと驚かれるかもしれない。まず頭部に一つの脳がある。この脳は大きく4つの塊から成っている。それぞれの眼から入ってくる視神経が繋がる二つの視葉があり、その中央に軟骨に囲まれる形で食道上塊と食道下塊がある。

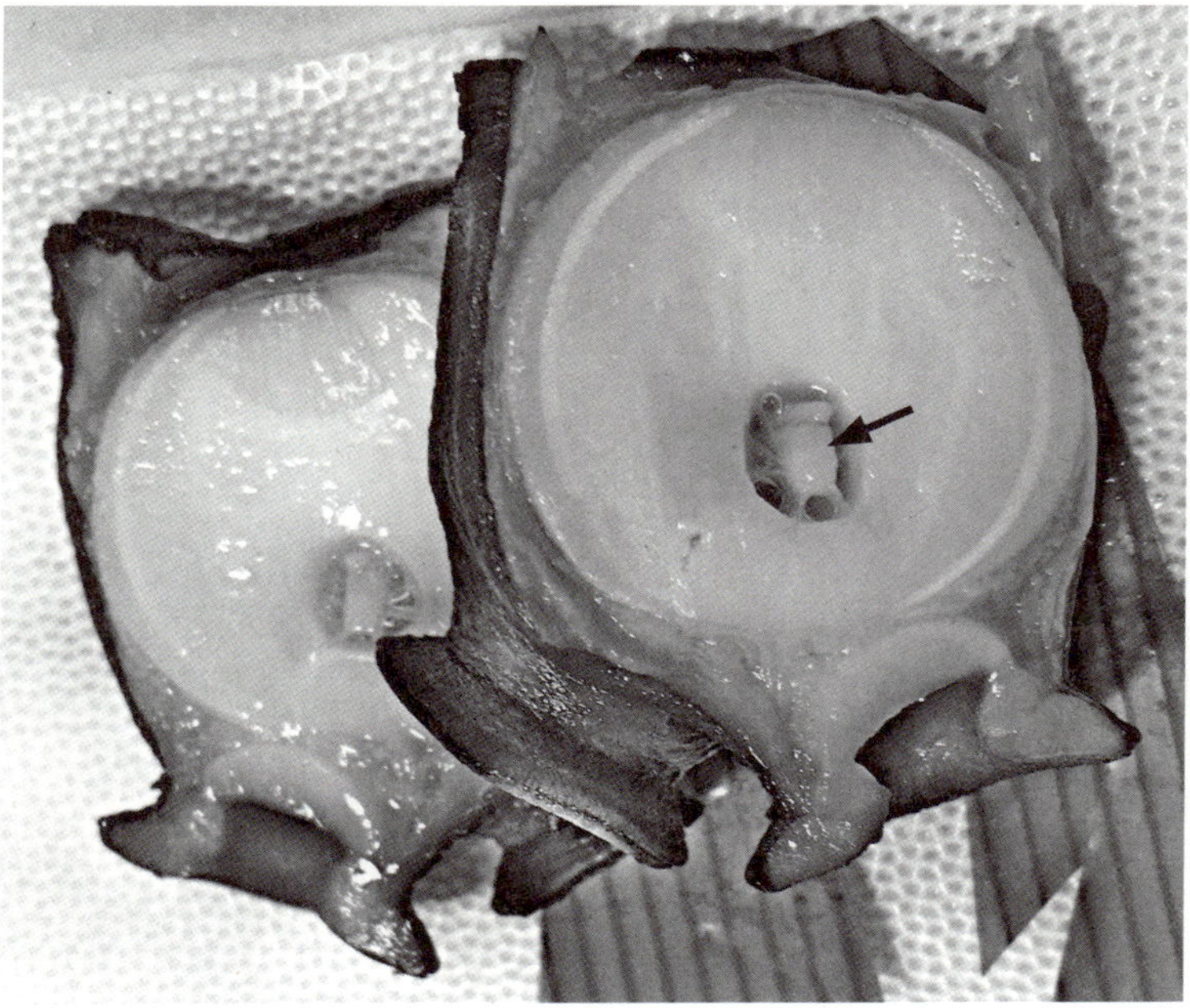

タコの「腕の脳」 8本の腕のつけ根にもそれぞれ「腕神経節」と呼ばれる腕を制御する神経の塊がある。腕からの情報を処理し、一部の行動も担っている。

食道上塊と食道下塊には、コブ状の葉《よう》と呼ばれる膨らみが見られ、それぞれの葉が大まかな機能を分担していると考えられる。特に垂直葉と呼ばれる部分は、知能の高さと関連している。垂直葉は破壊すると記憶ができなくなるなど、ヒトの脳との繋がりを想像させる部位である。

9つのうちの他の8つは、腕神経節と呼ばれる、腕を制御する神経の塊である。タコの場合は腕1本ごとに対応する神経節があり、合計で8つである。腕から入ってくる情報処理を担っている部分で、反射的な行動や自立運動なども制御している。ヒトの脊髄を想像するとよい。他の動物でも体のパーツごとに情報処理を行っている神経節があるが、タコの場合はその細胞数が圧倒的に多い。

以上の9つの脳全体を合計すると、神経細胞は5億個以上ある。その数には先に挙げた腕の神経節を含んでいるので少々過剰評価かもしれないが、脳の細胞数だけでも1億個以上あるので、動物の中でも特に大きく、複雑な脳を持っているのは間違いない。

20

無名研究者の大発見

イカの太い軸索　軸索をピンセットでつまみ上げている。直径は1㎜前後と、あらゆる生物の中でも例外的に太い。

イカの体にはいろいろと他の生物にない特徴があるのだが、中でも世界を変えるほどの大発見に繋がったものとして、「巨大軸索」が挙げられる。軸索とは、おおざっぱに書くと情報を伝える神経で、イカではそれが特別に太いのだ。

神経は古くから多くの研究者の関心の的だが、どの生物でも直径1㎛以下（1㎜の1000分の1）ほどと極めて細く、観察が難しい。だが切れてしまうと腕や脚が動かなくなるから、情報を流しているのは間違いないらしい。1950年ごろ、神経内を流れる電流の正体について、イギリスのホジキンとハクスレーが例外的に太いイカの軸索を使ってこれを証明した。

イカの体にある巨大軸索は直径が1㎜前後もある（種や個体によって異なるが0・5～1・5㎜の範囲）。あまりの太さから古くは血管ではないかと考えられていたのだが、1930年ごろにイギリスの解剖学者

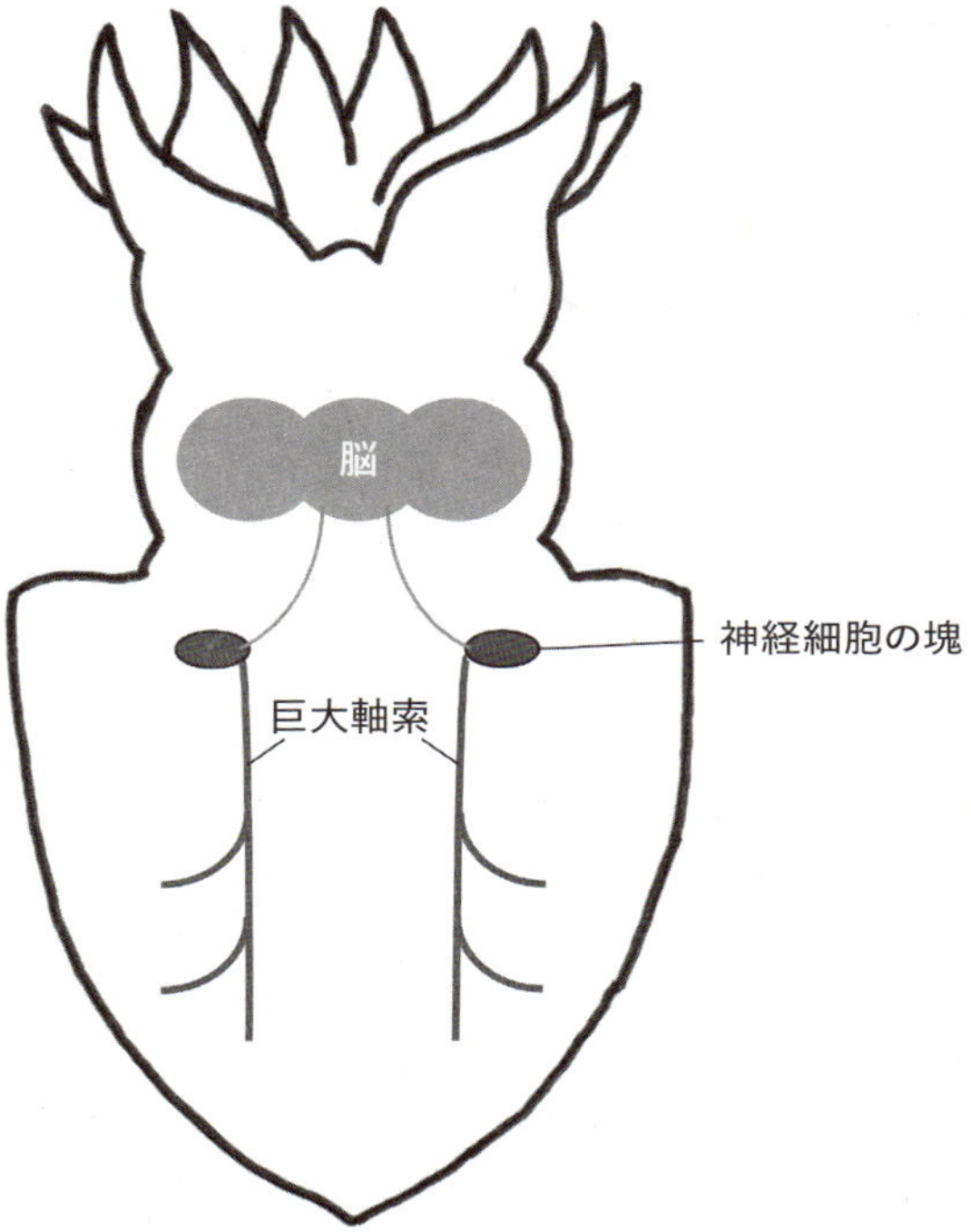

軸索の配置

イカの体の模式図。巨大軸索は胴体の外套膜の左右にある2本の神経を指す。

であるヤングが、電子顕微鏡と電気刺激による観察で神経であると証明していた。そこでホジキンとハクスレーはこれを利用して、神経の内外にイオン（電気を持った物質）が流れると興奮が伝播することを示し、さらに細い針を使って内部の液体を交換して、興奮が起こらない条件を確かめた。つまり、神経が電流を流す仕組みはイカで発見されたのだ。なお、巨大軸索が神経だと発見したヤングは日本ではほぼ無名であるが、ホジキンとハクスレーはイカを利用した研究でノーベル賞を受賞した。

このように、その動物を愛し細々と研究を行っていた無名研究者の基礎的な発見が、その後の大発見の礎となった例はたくさんある。線虫（シー・エレガンス）を用いたアポトーシス（細胞の自殺）の研究でノーベル賞を受賞したブレナーは、線虫の飼育を確立した別の研究者の実験を利用した。ショウジョウバエを用いた遺伝学で有名なのはモーガンだが、ショウジョウバエの飼育は先人の研究を参考にした。このように基本的な技術を確立した人は、著名な成果の礎となって埋もれていくのが世の常であるようだ。

21

恐竜より太い神経を持つイカ

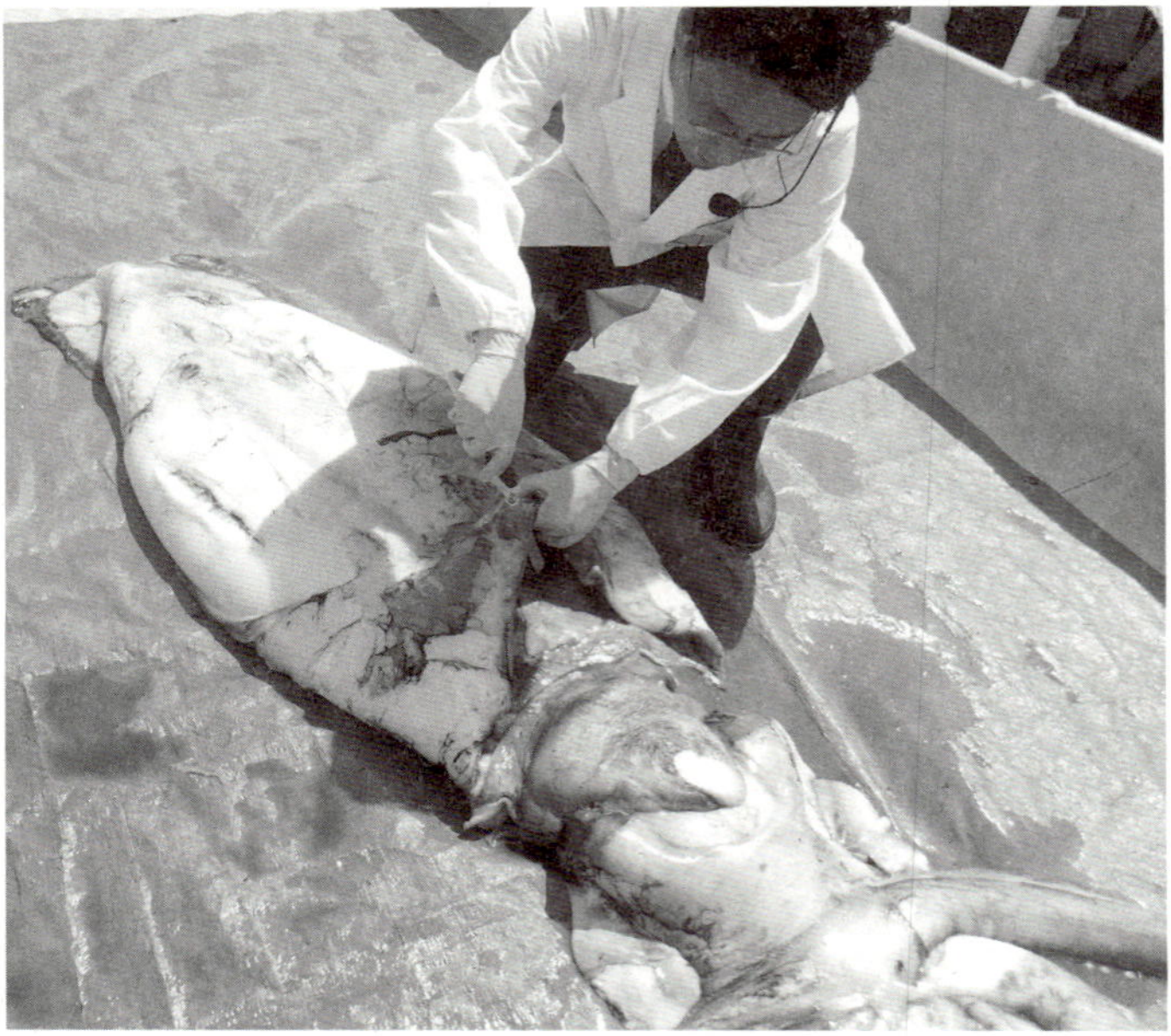

ダイオウイカの解剖 2024年4月にしまね海洋館アクアスで行われたダイオウイカの公開解剖。解剖しているのは筆者（吉田）。

イカの胴体の内側には、体の動きを司る運動神経である巨大な軸索が走っている。数百本の神経同士が合体して融合し、束ねて太い1本を形成している、かなり変わった細胞である。神経の伝達速度はその太さに比例することがわかっているため、太い神経を持つことは泳ぎの速さに直結する。そのため巨大な軸索はイカに特有で、あまり遊泳を必要としないタコにはない。

巨大軸索は太ければ太いほど情報伝達が速いので、大型のイカほど太い神経を持つと推測される。2024年4月に筆者（吉田）が協力して、しまね海洋館アクアスでダイオウイカの公開解剖を行った。このダイオウイカは生きた状態で発見されたもので、非常に状態がよく、巨大軸索を取り出して観察することができた（左上の写真）。一見して〝うどん〟のような太さがあり、筆者も正直にいって驚いた。写真のものが巨大軸索1本そのものだとは断定できな

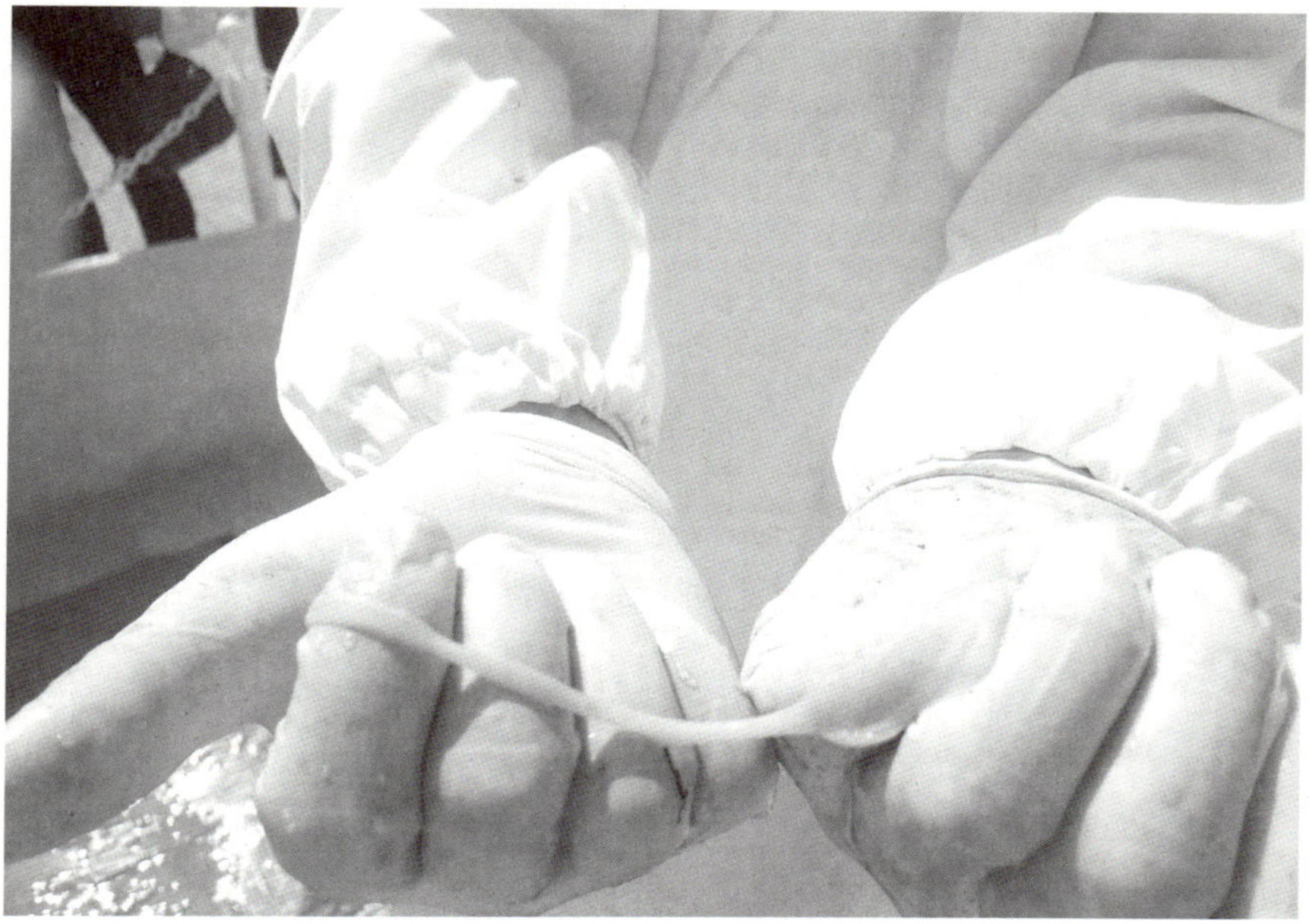

ダイオウイカの巨大軸索

解剖で取り出された巨大な軸索。うどんほどの太さがあり、あらゆる生物の中で最大級だ。

いが、世界最大級の神経であることは間違いなさそうである。

一方で、イカのライバルである魚は、これに対抗するために異なる方法で速い泳ぎを達成した。それは、神経の太さはそのままに、軸索の一部をゴムのような電気を通さない物質で、飛び飛びに覆うというカラクリである。そうすると信号は電気を通す部分誘電性のある部分（ランビエ絞輪という名前がついている）だけをジャンプして伝わっていくため、伝導速度がアップする。そんなまさかと思われるかもしれないが、生物の教科書に載っているような由緒正しい方法なのだから仕方がない。

神経を巻いているゴムの部分は、髄鞘《すいしょう》（ミエリン鞘）と呼ばれる別の細胞からできていて、コレステロールに富んでおり、電気を通さないカバーとなっている。そのため魚から進化したヒトを含むすべての脊椎動物の神経は、細いのに巨大軸索並みの速さを獲得している。だが、最も太い神経を持つのは、間違いなくイカである。

22

3.5mgの巨大な脳

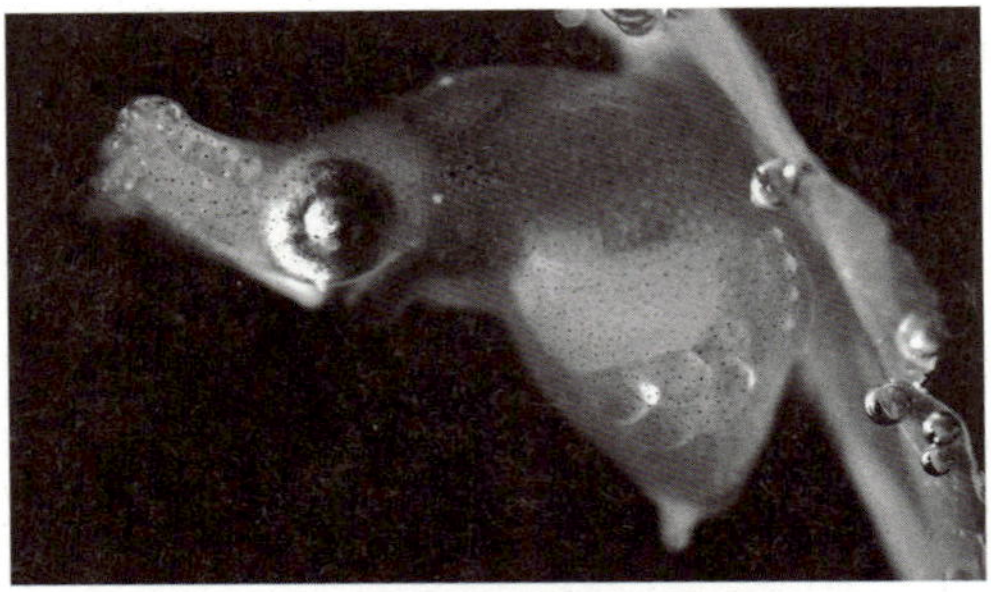

種名	脳重量	脳割合
ヒト	1.3kg	2.5%
イルカ	1.7kg	～1%
ヒメイカ	3.5mg	10%!（タコでは1～3%）
カラス	10g	2%

体に対する脳の重さ

上段：ヒメイカ（写真：中島隆太）。下段：体重あたりの脳の割合を「脳化指数」と呼ぶ。頭足類の脳は体に対しては小さくなく、ヒメイカは極めて大きい。

貝類からオウムガイを経て進化してきたタコ・イカの脳は、ヒトや魚のものとは形状がかなり異なる（これは2章で詳しく説明がある）。脳を他の動物と比べるには、何に着眼すればいいだろうか。

一番わかりやすい基準は、脳の重さであろう。ヒトの脳は成人で1・3kg程度である。イルカだと1・7kg程度とヒトに近い。巨大なクジラは大きい脳を持っていて、6・9kg超という記録がある。

だが体の大きい動物ほど脳も大きい傾向があるので、単に重さだけは比較できそうにない。そこで、脳の発達度合いを比較するために使われるのが、体重あたりの脳の割合である「脳化指数」だ。ヒトの脳は成人で1・3kg程度の重量があり、体重の2％程度を占めている。イルカの脳は体重の1％で、ヒトの方が相対脳割合が高い。

この数値を他の動物に当てはめていくと、歌やさえずりを記憶する能力が高いオウムやインコなどの

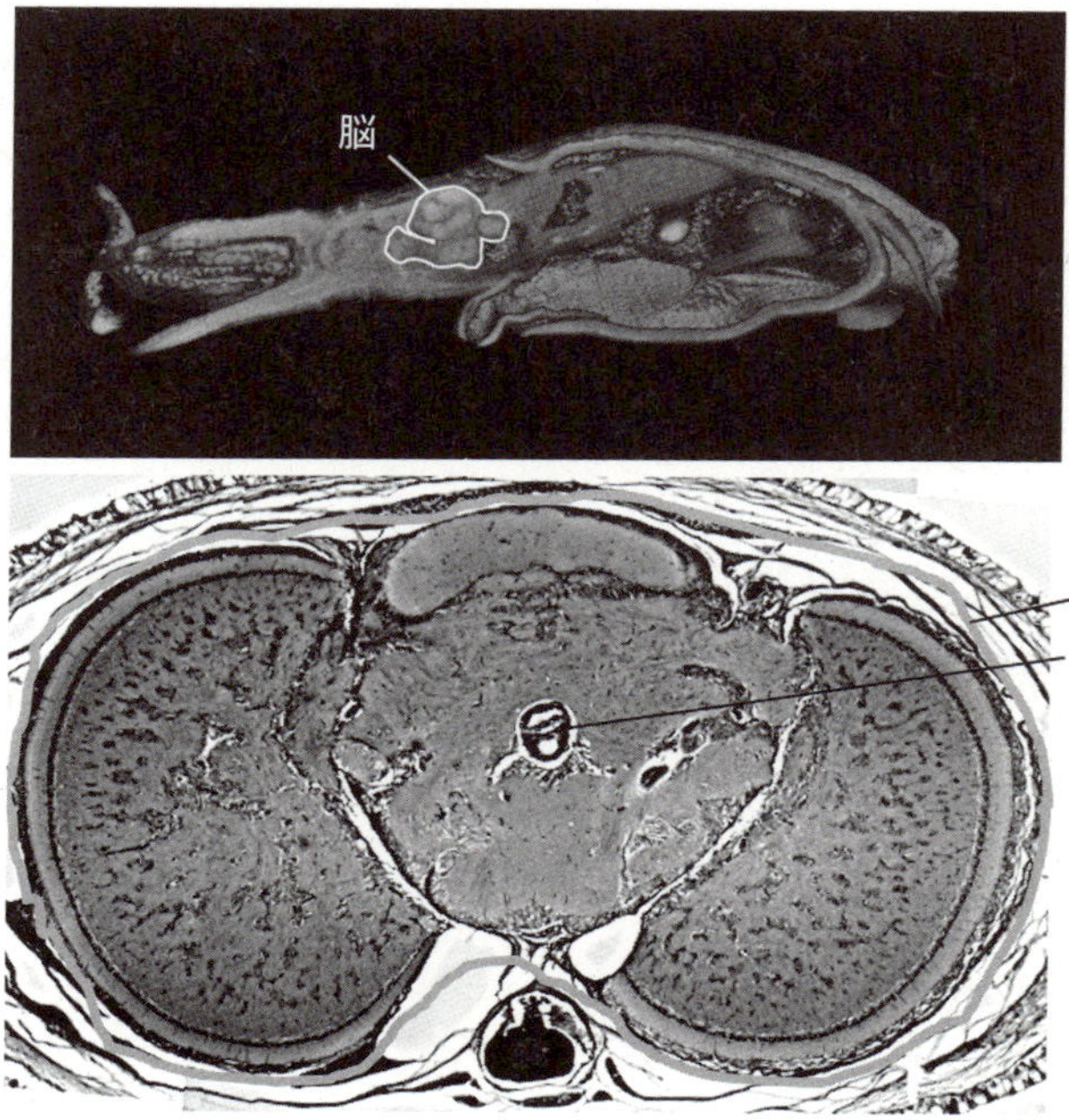

ヒメイカの脳　ヒメイカの頭部の断面図。ほとんどが脳神経で占められているのがわかる。

鳥の仲間は、体重の割に脳が大きい傾向があることがわかる。鳥類でトップクラスなのはカラスで、脳割合は２％とヒトと同じ値になる。

坪井ら（２０１８）の研究によれば、平均的な哺乳類と鳥類の脳化指数はほとんど同じで５００ｇあたり５ｇ前後になる。これは同じ大きさの魚類の10倍以上になる。脳化指数に基づく著者（吉田）らの研究では、小型イカの仲間の脳が大きいことがわかった。ヒメイカは体長２cm程度の小さいイカで、50個体以上の脳重量を測ると平均値は３・５mgしかない。しかし脳割合に換算するとなんと10％であった。おそらく動物界では超弩級《どきゅう》の脳割合である。

ヒメイカの頭の断面を見るとみっしり脳が詰まっている。このヒメイカだが、案の定、最近の研究ではとても狡猾であることがわかっている。たとえば、エビのような素早い餌には、墨を煙幕のように吹き付けて捕らえたりする。

23

イカは光って身を隠す

光るホタルイカ

腕の光は捕食者の眼くらましだが、それ以外は下から捕食者に見られたときのシルエットを消すためのカウンターイルミネーション（提供 魚津水族館・撮影 草間啓）。

海を泳いでいる海洋動物は、下から襲ってくる捕食者から見ると、明るい水面を体で遮ることになる。捕食者側からはそのシルエットが丸見えになってしまう危険があるため、中深層域の海洋生物は、下向きに光を発する発光器官を作ることでカモフラージュを行っている。これは「カウンターイルミネーション」と呼ばれる方法で、背景と一致する光を作り、背景に溶け込む。

その逆に、サバやイワシなどの青魚は海面にいるカモメなどに襲われる危険があるため、上から見たときに海面に溶け込むように背中側の皮膚の色を濃くしている。こちらは「カウンターシェーディング」と呼ばれるカモフラージュである。

さて、カウンターイルミネーションだが、イカ類で有名な例としてはホタルイカが挙げられる。ホタルイカは眼の周囲、皮膚表面、腕の先端に自前の酵素で光る発光器がある。腕発光器は特に強い光を放

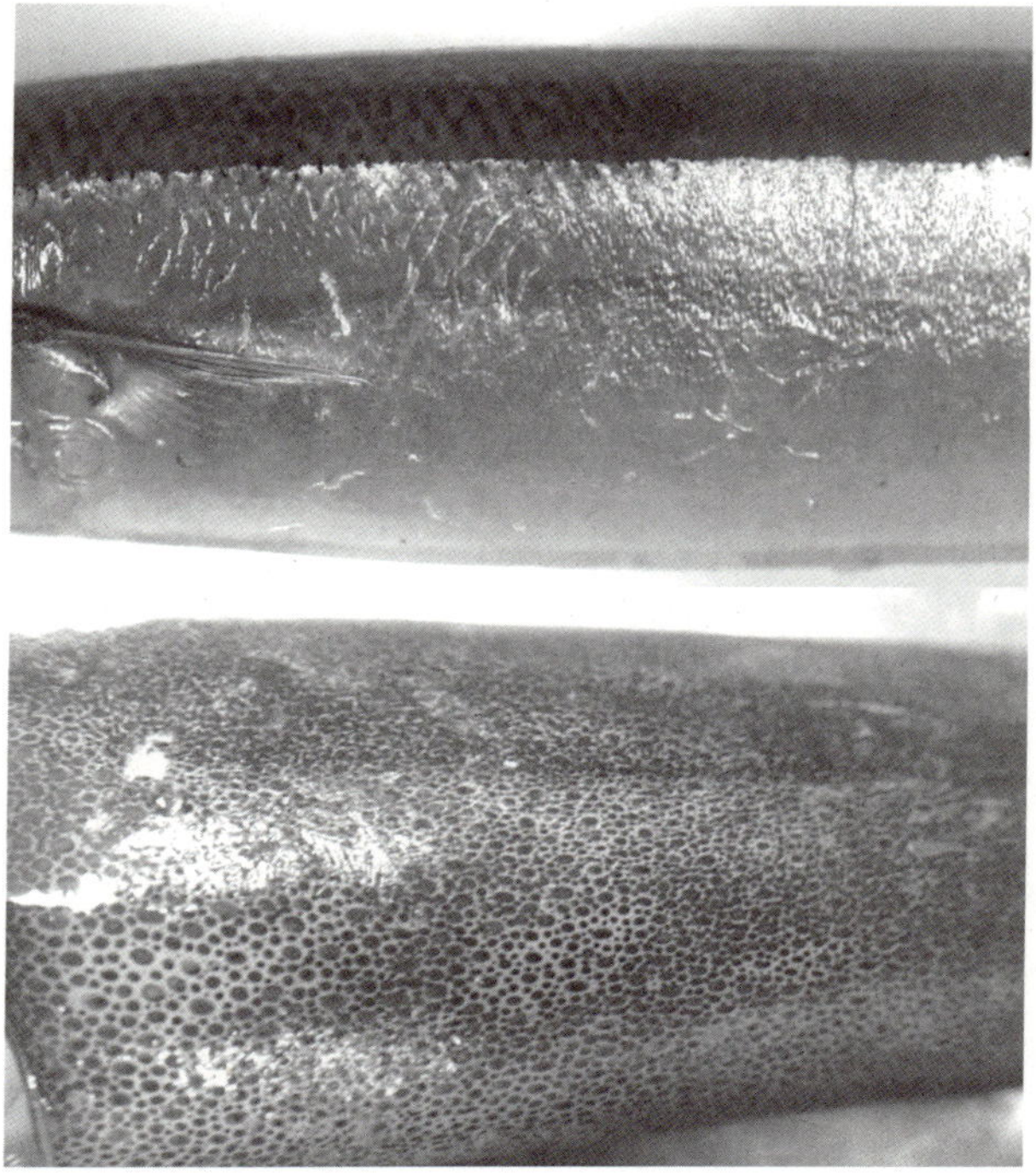

上空から身を隠す
カウンターシェーディング

多くの魚が腹側と背中側の色が異なるが、これは上空から鳥に見られたときに水に溶け込み、見えにくくするための進化だ。上はサンマ、下はスルメイカ。どちらにもカウンターシェーディングが見られる。

ち、捕食者の眼くらましに使われているが、それ以外の発光器は体の影を消すために薄く弱く光る。

ホタルイカは身近なイカの中では特に強く光るため、長年、注目の的になっている。渡瀬庄三郎博士（1862〜1929）の提案により、大正11年に天然記念物として認定させたことでも有名な、富山県のホタルイカ群遊海面がある（その後、昭和27年より特別天然記念物）。ホタルイカ自体は保護動物ではなく食用なので、ホタルイカの集まる海岸線（富山市から魚津市にかけての1・2km程度）が保護されている。

そこにある魚津水族館の元館長の稲村修らによれば、ホタルイカの発光強度は上からの光の強さによって変わるそうだ。これは、影をなくすためには合理的で、カウンターイルミネーションとして働いていることを強く支持する。ホタルイカは自分がいる環境の光の強さを測って、それに合わせて発光しないと上手く影を消せない。光の強さを測っているのは、おそらく眼だろうと推測されている。非常によくできた仕組みである。

24

イカはどうやって光るのか？

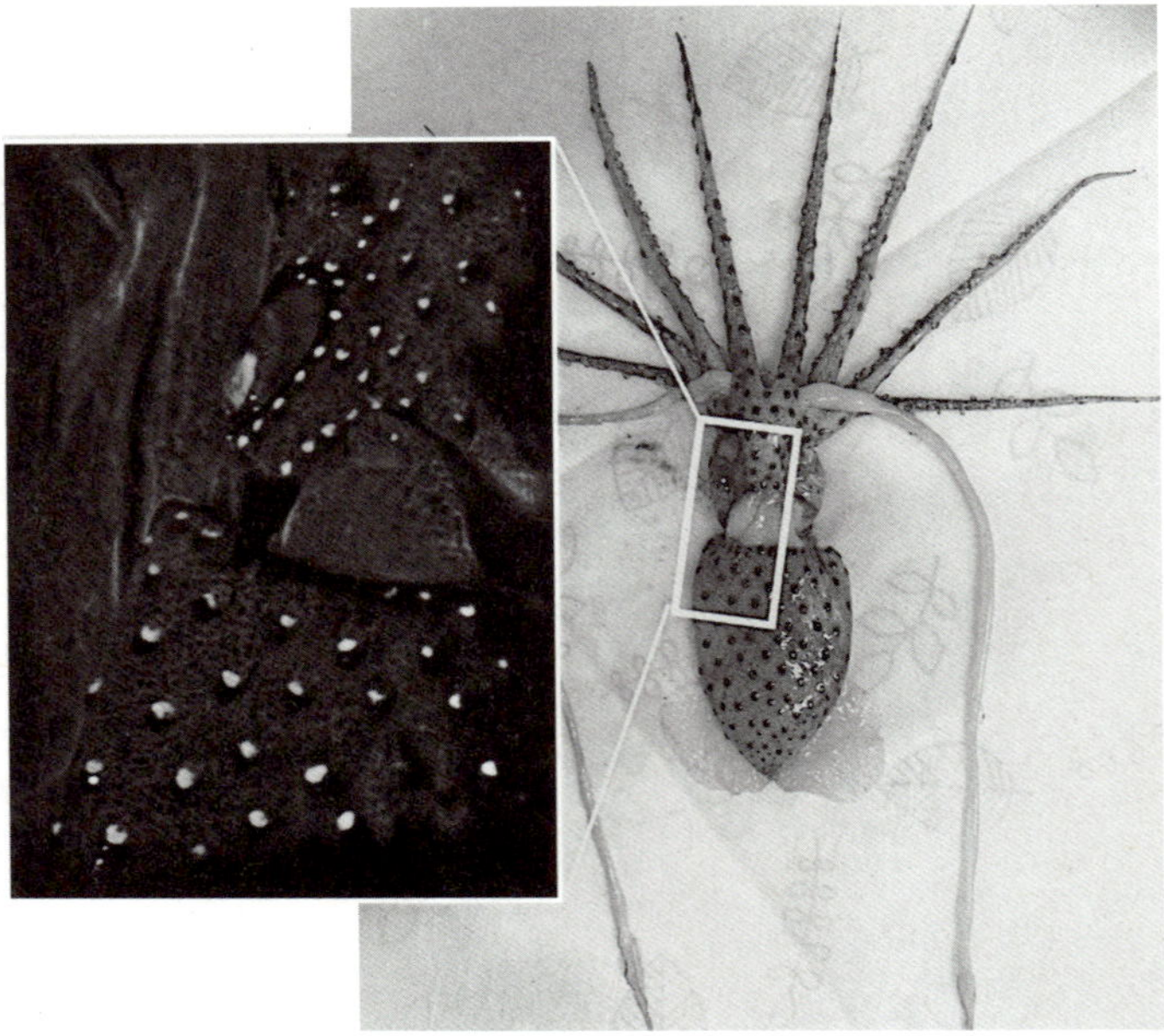

ゴマフイカの自己発光　深海イカの多くは体全体に発光器を持つ。この種では粒状の発光器が全身にあり、まるでイチゴのようだ。（撮影・提供 黒坂瑠育）。

海洋生物は生存戦略に欠かせない光を「作る」ことがあり、その方法は大きく2種類が知られている。光が生物自身によって生成される場合と、共生細菌を光らせる場合である。イカの中にも自力で光るタイプ（ホタルイカ・コウモリダコなど）と、細菌に光ってもらうタイプ（ダンゴイカ・ケンサキイカなど）がいる。発光細菌は発光バクテリアとも呼ぶ。

自力で発光する場合は、エネルギーを溜めている物質を酵素が分解すると、光を発する「酵素反応」を使う。ホタルイカはこの方法で光を放つし、コウモリダコも酵素を使って光る墨を吐くといわれている。

ホタルイカの場合はセレンテラジン（Coelenterazine）が発光物質だが、セレンテラジンを生み出せる生物は限られており、ホタルイカも合成はできない。では、どこから得ているかというと、他の動物が合成したものを食物から取り入れているようだ。海

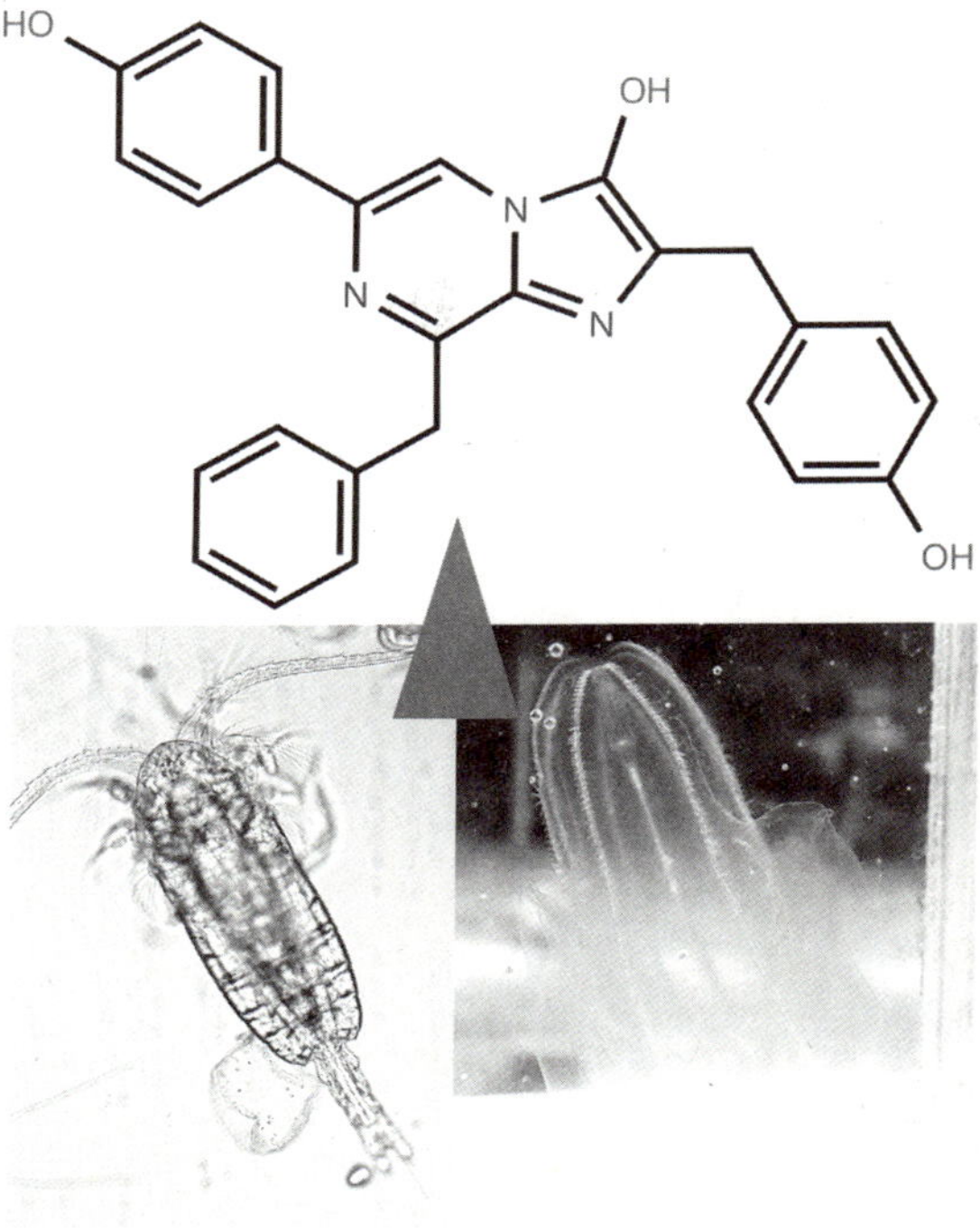

セレンテラジンの化学式

光エネルギーの電池として使われる化学物質。実は、光っているイカは自身では合成できず、餌となる動物から吸収している。（化学式はKetcher2.21を使用して描画、Apache 2.0 licence）。

洋にはセレンテラジンで発光している生物がゴマンといて、そこから食物連鎖によってセレンテラジンがやり取りされている。

　最近の研究で、カイアシの仲間やクシクラゲ（有櫛《ゆうしつ》動物というクラゲの遠い親戚）がゼロからセレンテラジンを作り出すことが明らかになってきた。これらの動物が作った光のもとが食う・食われるの関係の中で、「光の通貨」としてやり取りされているようである。

　もう一つの生物発光は発光細菌を使う方法だ。魚の仲間では、眼の下が光るヒカリキンメダイやマツカサウオなどが有名で、細菌が入っている専用の袋が光っている。共生している細菌は多くの場合は*Aliivibrio fischeri*というビブリオ菌の一種である。イカ類では、ケンサキイカの仲間やミミイカの仲間が、このタイプの発光細菌を使って光る。先の酵素発光は「電池」であるセレンテラジン頼みであるが、こちらのタイプは細菌頼みなので、光らせすぎると息切れしてくる心配があるのだが、イカたちはそれを巧みな方法で回避している。

25

発光バクテリアとの共生

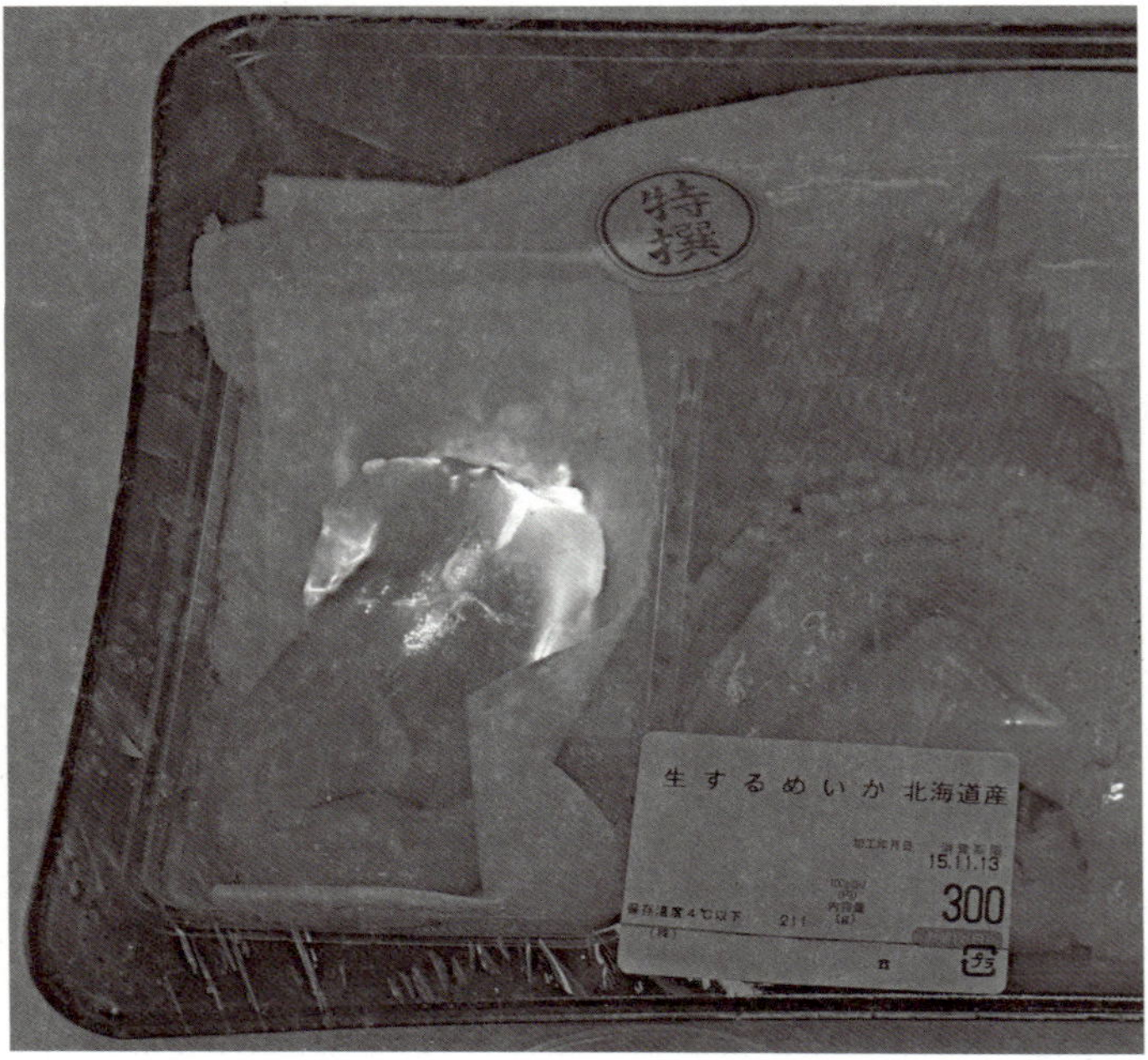

バクテリアが光る刺身　暗闇に置いた生スルメイカの刺身。表面の発光バクテリアが光っている。（撮影・提供 吉澤 晋）。

光るバクテリアは海の中にたくさんおり、中でもビブリオ・フィッシェリ（またはアリビブリオ）という種類が最も有名である。スーパーで売っている刺身を一晩置くと、発光バクテリアが表面で増殖して暗闇でうっすら光ることがある。ただし、ビブリオ菌には毒素を出すものもいるので、光る刺身は食べない方がいい。

発光バクテリアは海洋生物の表面にもいる。発光バクテリアは自分の都合で光っているから、生物の方がバクテリアの光の強さを調節するのは簡単ではない。バクテリアは基本的には光りっぱなしだが、独自の工夫をする生物もいる。

ヒカリキンメダイは眼の下に発光器を持ち、その中で発光バクテリアを飼っている。この発光器にはまぶたのような黒いシャッターがついていて、これを開けたり閉じたりして光を点滅させる。ヒカリキンメダイはこれを信号として魚同士でコミュニケー

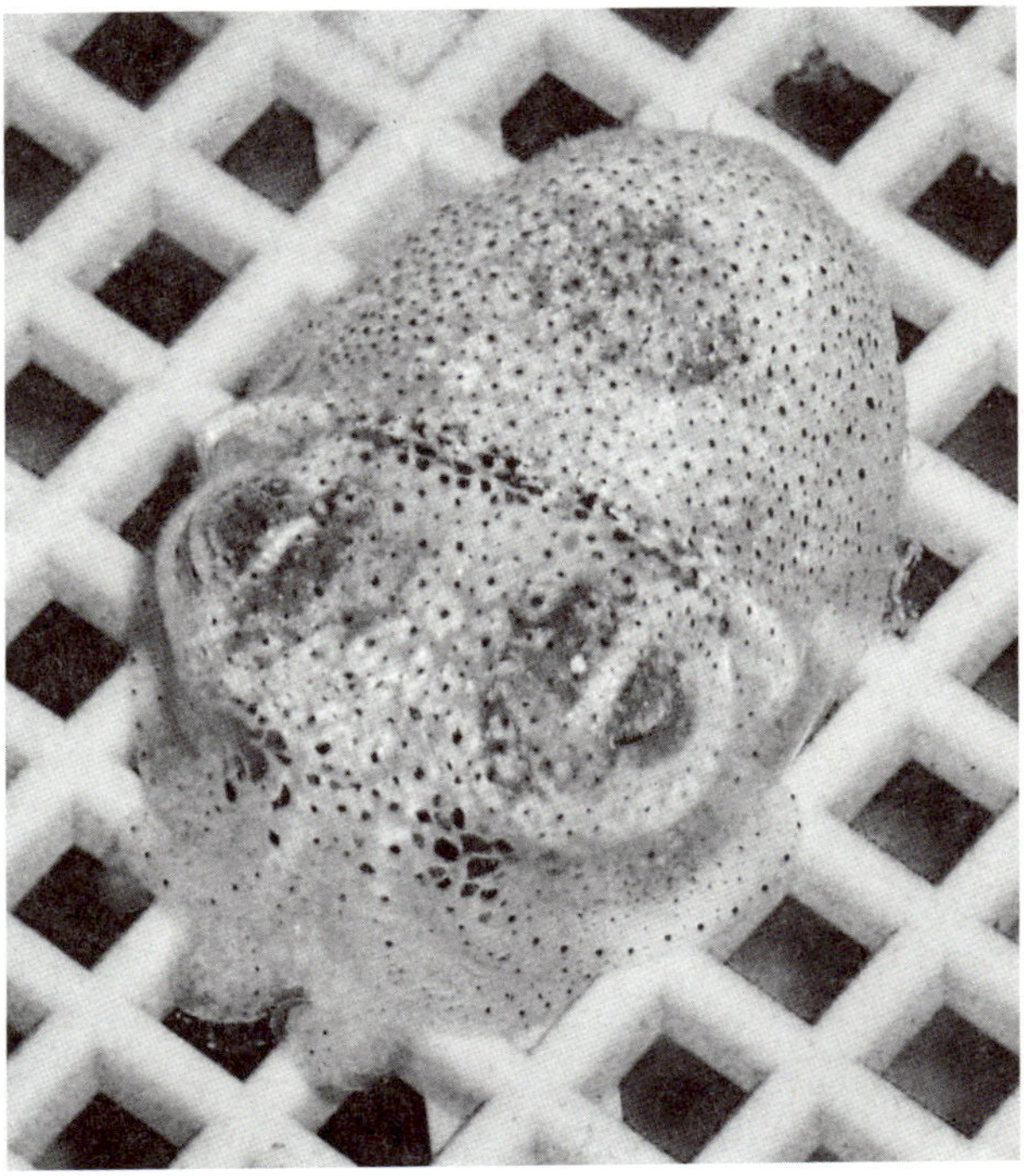

発光バクテリアを利用するミミイカ

墨袋の近くに発光バクテリアを詰め込んだ発光器を持つ。中のバクテリアに栄養を供給するなど共生の仕組みがある。

ションしたり、敵を威嚇したりするのに使っているようだ。

光るにはエネルギーを使うから、発光バクテリアは光らせすぎると息切れする。だが、バクテリアは好条件であれば、20〜30分で分裂して倍になる。光が必要なのは夜だから、昼間に増やして夜に光を使う。このような細菌の制御がイカの研究で明らかになった。

ハワイミミイカの墨袋の近くには発光器があり、その中にはほぼ100%ビブリオ・フィッシェリだけが詰まっている。夜間にはこの発光バクテリアが光を放っているのだが、朝になるとだんだん息切れしてくる。そうすると、このミミイカは発光器を絞って収縮させ、中のバクテリアを放出する。少し残ったバクテリアはイカから栄養をもらって増殖し、次の夜にはまた満タンになって光を発する。イカの発光器自体も、バクテリアがいないと上手く形作れないなど、お互いに依存した共生の仕組みがある。

26

吸盤で獲物を味わう

タコの吸盤　対象に押し当てて真空状態にすることで吸い付く。それに加えて、味を感じることもできる（写真：中島隆太）。

吸盤はタコ・イカの特徴である。祖先であるオウムガイの触手にも吸盤はなく、吸盤はタコ・イカが作り出した新機軸のイノベーションである。この吸盤は、家にあるゴム製の吸盤とほぼ同じ機構の「サクションカップ式」と呼ばれる形で、カップを押し当てて真空にすることで吸いついている。

タコとイカの吸盤は異なる形をしている。タコのものはまさしく吸盤で、腕の口側の面に吸盤が2列に並んでいる。吸着力はかなりのもので、イイダコやマダコでも、吸いつかれるとはがすのに苦労するし、跡が残る。これが1m超えのミズダコだと大変なものだ。水中では絶対に出会いたくない。

これに対し、イカの吸盤はサクションカップに加えて、吸盤の縁にキバがあり、捕まえた獲物の皮膚に食い込む。一度引っかかるとなかなか外れないので、稀に水族館でも壁にアタックして引っかかってしまい、外すのに苦労しているイカを見ることがある。

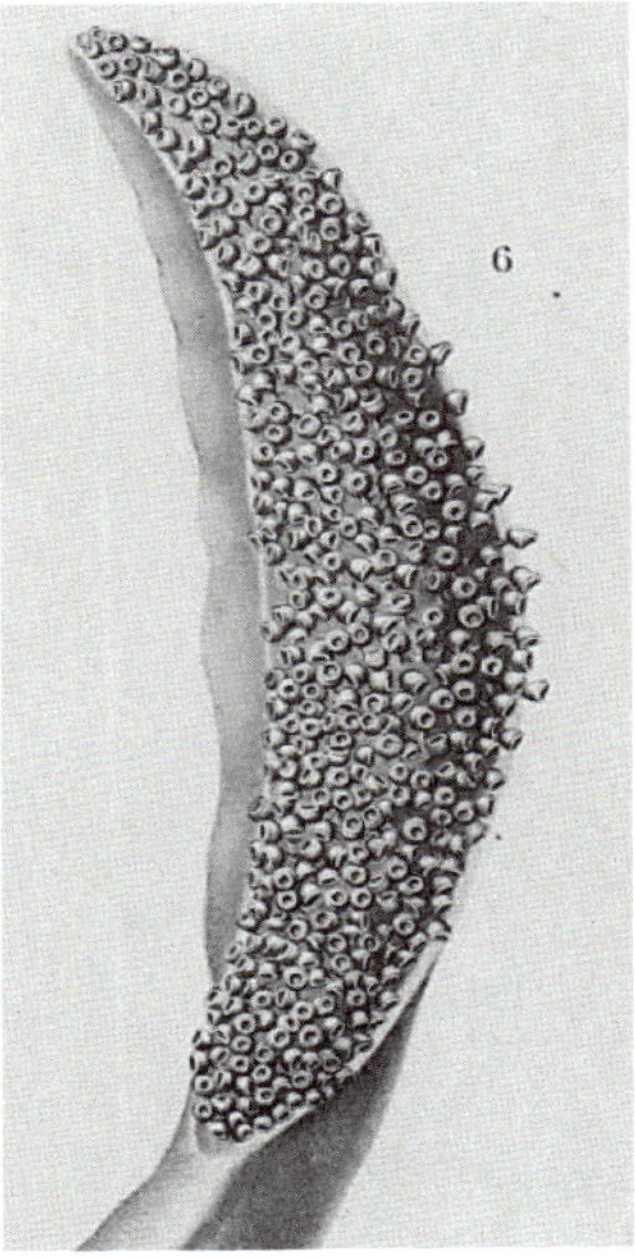

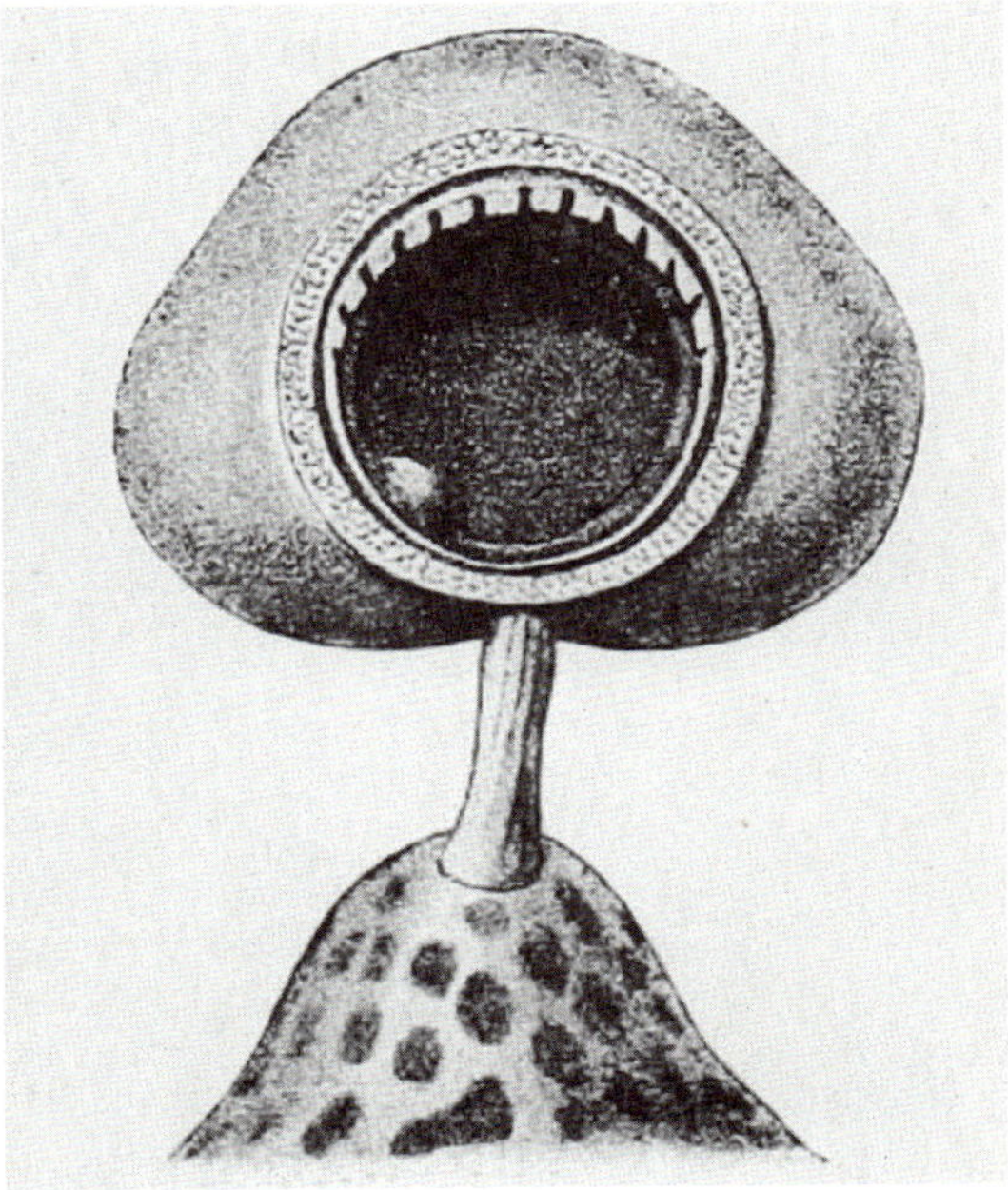

イカの吸盤　吸盤の縁に捕まえた対象に食い込むためのキバがある（出典：Chun 1915を改変）。

吸盤のもう一つの働きは味を感じることである。吸盤の内側には、ヒトの舌にある味蕾《みらい》に似た粒々の器官があって、一個一個が味を感じている。これらによって、タコ・イカは獲物に触れつつ、それがどんなものか判別している。タコの捕食は眼を使った視覚ではなく、この触覚と味覚に頼っているようだ。吸盤による味覚はいろいろな場合で使われており、母ダコは卵の状態を「触って」判別している。タコの感じている世界は、匂いと味に満ちているのではないだろうか。

最近の日本の若手による研究で、吸盤の作り方について新しい発見があった。金原らの研究によると、腕の先端部に吸盤のもとになる盛り上がりができ、成長に伴って吸着力を生むためのカップの凹みが作られていくという。つまり、新しい吸盤は腕の先端から作られる。根本に行くほど吸盤は大きいので、改めていわれると、なるほどという感じである。子マダコは腕1本に吸盤が2個しかない状態で生まれてくるが、それがやがてあの立派なタコ腕になる。

column 01

タコ・イカ大国、日本

日本は世界に誇るタコ・イカの研究大国である。これは古くからある食の伝統と文化、また冷帯から熱帯の海に囲まれた日本列島の四季折々にわたる多様な海洋環境と生息する種類の豊富さが理由かもしれない。

全国にある水族館はそれぞれ個性的だ。タコやイカを長く飼育し、未知の生態を明らかにした例も少なくない。鳥羽水族館（三重県）のオウムガイ、名古屋港水族館（愛知県）のヒメイカ、沼津港深海水族館（静岡県）や葛西臨海水族園（東京都）のメンダコがその例である。

我が国の水産の研究機関は優れた船舶と観測技術を使って日本の海を隅々まで調査している。たとえば、イカの漁獲情報なら日本海で行われる『イカ予報』が何十年という海の動向を知るための貴重な情報源だ。他に瀬戸内海のマダコ養殖、富山県のホタルイカや徳島県のアオリイカの水産試験場での研究も数十年に及ぶ実績を生んでいる。

研究にも輝かしい歴史がある。明治時代から佐々木望（1883〜1927）は日本の頭足類相と分類を基礎づけ、瀧巖《たきいわお》（1901〜1984）は生理研究を始めた。原富之（1924〜2011）の視覚の分子生物学は世界をリードした。理化学研究所の松本元（1940〜2003）は脳の研究者だがヤリイカの飼育を成功させた。奥谷喬司（1931〜2025）は日本の頭足類では無数の発見をし、分類の体系を生み出して多くの後継者を育んだ。瀬川進はアオリイカの生活史を明らかにし、窪寺恒己は生きたダイオウイカを初めて観察して海の怪物の神話に終止符を打った。また桜井泰憲はスルメイカの未知の生活や資源量を、地球規模の環境変動と共に極限まで解き明かした。

そして新世代として、池田譲らの研究と多くの著作や、欧米の研究者が主導する沖縄での最先端の研究開発がある。そして、広橋教貴らが主催するイカタコ研究会はプロとアマチュア問わず各地に広がる頭足類を愛する人々を結びつけている。日本の頭足類の研究は我が国に根づいた歴史的な学問文化として成り立っているのである（滋野修一・吉田真明）。

2章

タコ・イカの心と知性

01 頭足類の知能とは？

体表の模様によるコミュニケーション

コブシメが体表にさまざまな模様を出している（鳥羽水族館にて撮影）。

タコやイカは知能が高いといわれる。しかし言葉も話せず、文字も書けない。IQテストができるわけではない。知能の高さとは何が基準で決められるのだろうか？

まず、眼や視力がよい。他者をじっと見つめて何か考えているようだ。この考える時間が特に長い。敵か味方か、異性か。慎重に判断する。感じていることや動きの精巧さの至るところに知性が表れている。

また、体全体に知的な表現力があることにも知性が見て取れる。皮膚の中に赤、黄、白、黒、銀色と色素で変化自在の模様を作り出す。その模様のパターンも生息する場所や種で異なり、あるコウイカでは40種類以上ほどと豊富である。この動く模様で、ときに異性へのアプローチや敵に対するシンボルを表現する。また、カモフラージュで瞬時に背景に隠れるのはヒトよりも速く、上手い。体を消す技術として軍事目的で研究されたほどである。これらをタコ

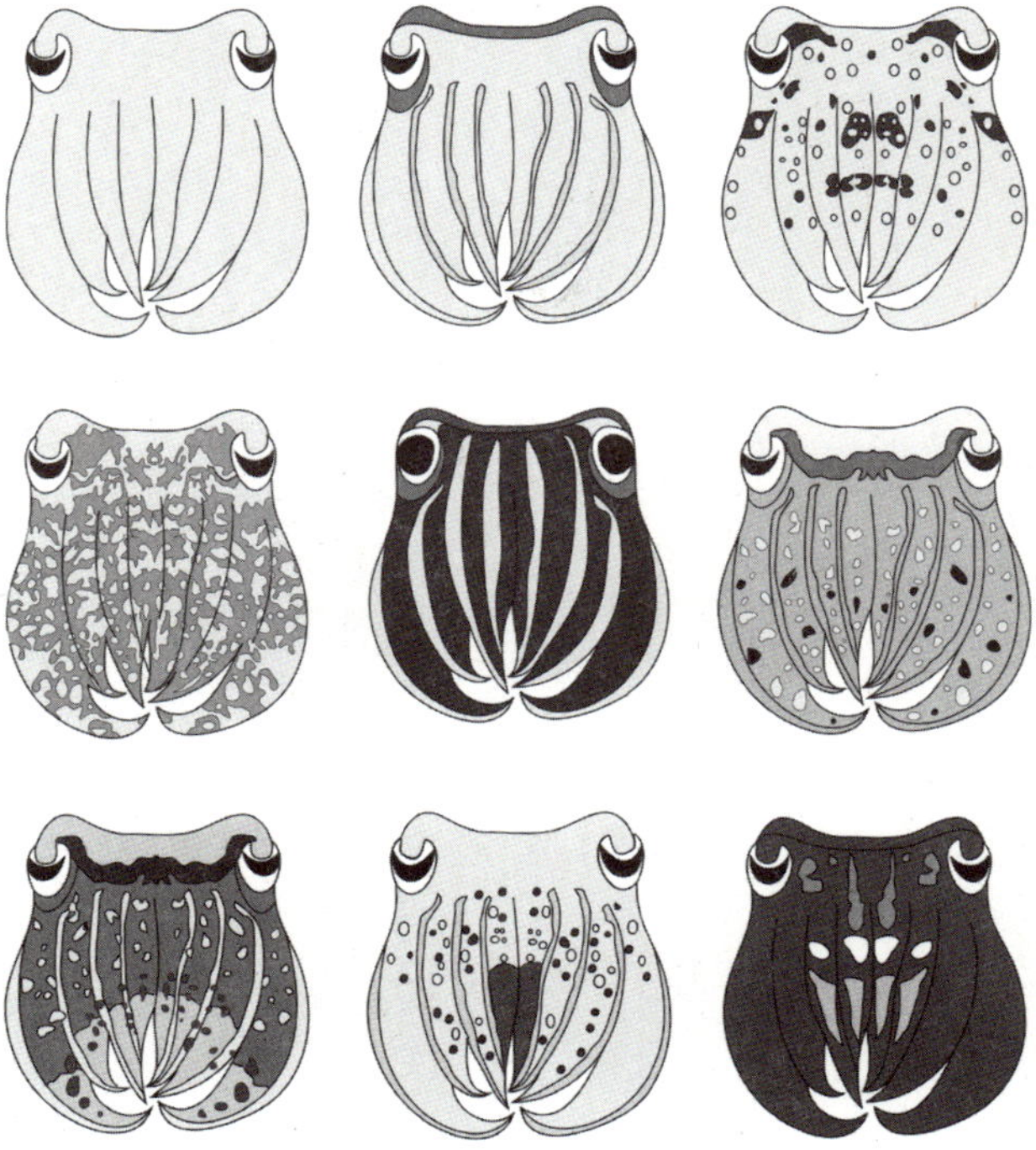

表情のような模様

トラフコウイカの多様な模様のパターン（Nakajima and Ikeda 2017を改変）。ヒトの顔の表情と比較できる。

やイカはときに素早く、ときに熟考して生み出しているように見える。

さらに、柔らかい腕である。この腕はどの角度にも曲げられる。スクリュー瓶をこじ開けて食物を取り出したり、貝殻で隠れ家を作ったり、海藻を真似たり、相手にパンチしたりする。二つの腕で歩いたり走ったりもする。この腕を使って岩の形を知り、卵を海藻に糸をつむぐように編み込む。自分と他人の卵も見ないで見分けられる。この腕は私たちの腕にとても似ているが、伸縮自在で、鋭い味のセンサー付きである。

そして最後に学習力と記憶力である。一日に3回シンボルを提示すると3日記憶でき、長期では50日以上記憶するという。学習のやり直しもできる。とても興味深いことに、他者を見るだけで学べる。敵に襲われない方法や、旨そうな餌の見分け方などを学ぶ。じっくり観察して他のものからその経験を学習できるようである。このように、体の精巧な模様や柔らかい腕の動き、記憶して学習した成果も生きるために使えるようである。

02

タコにもヒトにもある「知性の階層」

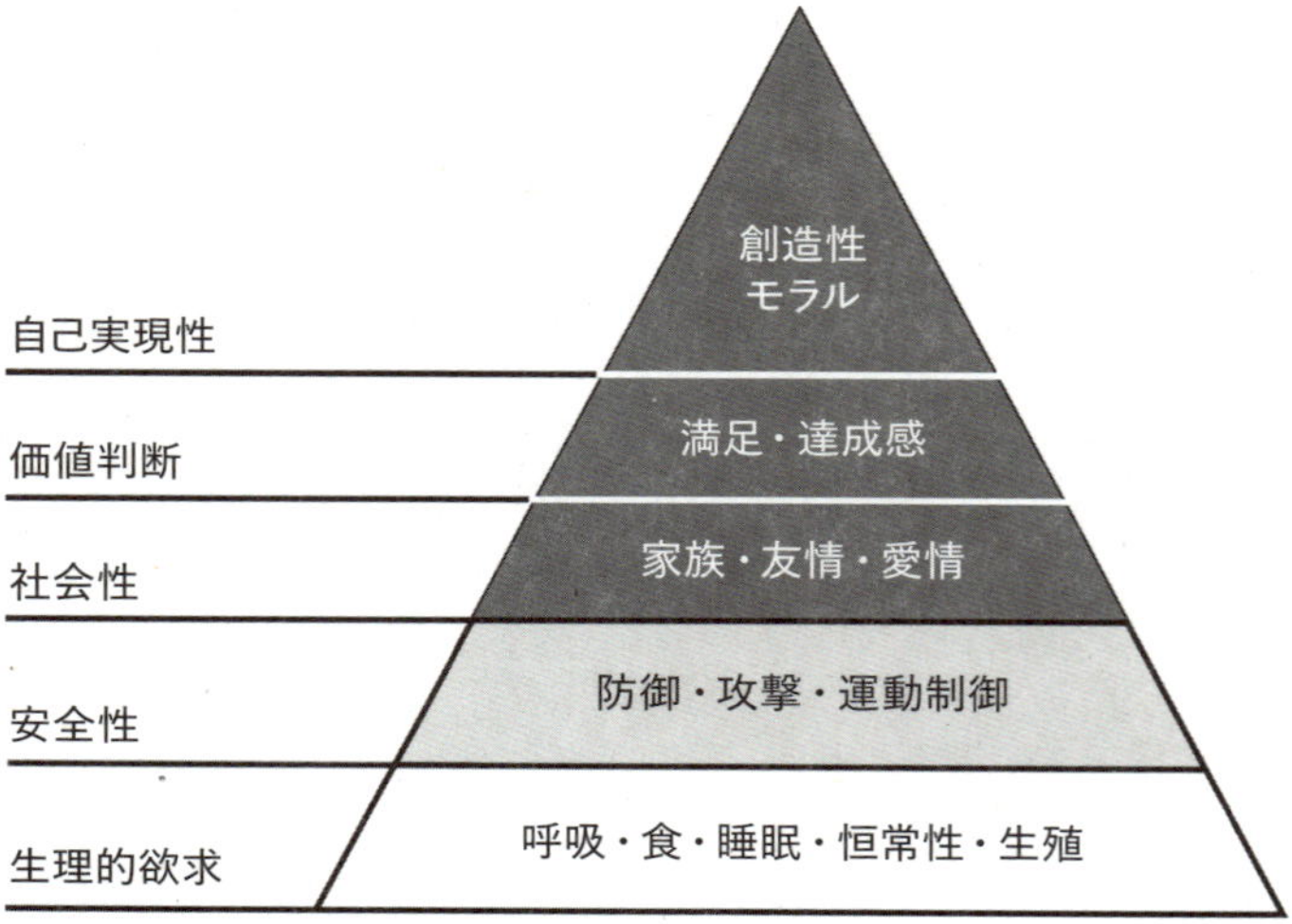

心の階層　心理状態を階層に分けて説明した図。「マズローの欲求段階説」ともいわれる（Maslow 1943を改変）。

タコとヒトの脳は共通してニューロン（神経細胞）やそれを守る細胞などから成り立っている。また、栄養や酸素を与える血管があることも共通である。つまり情報を受け取って処理することや、脳を守ることなどは変わらない。

しかし、タコとヒトでは脳の形や細胞の種類が大きく異なる。研究者はどのように両者を比較すべきか悩んできたが、今は形が違う脳に共通の仕組みを見出せるようになってきた。

ヒトの脳には、段階的な機能があると考えられている。食べることに関わるのは「低次の段階」で、歩いたり姿勢を調整したりすることが「中次の段階」、相手と関わったりする社会性の行動が「高次の段階」という具合だ。この段階的に整理された心理の仕組みは、タコとヒトの脳や行動を比べる際にとてもよい基準となった。

コウイカの脳の研究でも、同じような段階が提唱

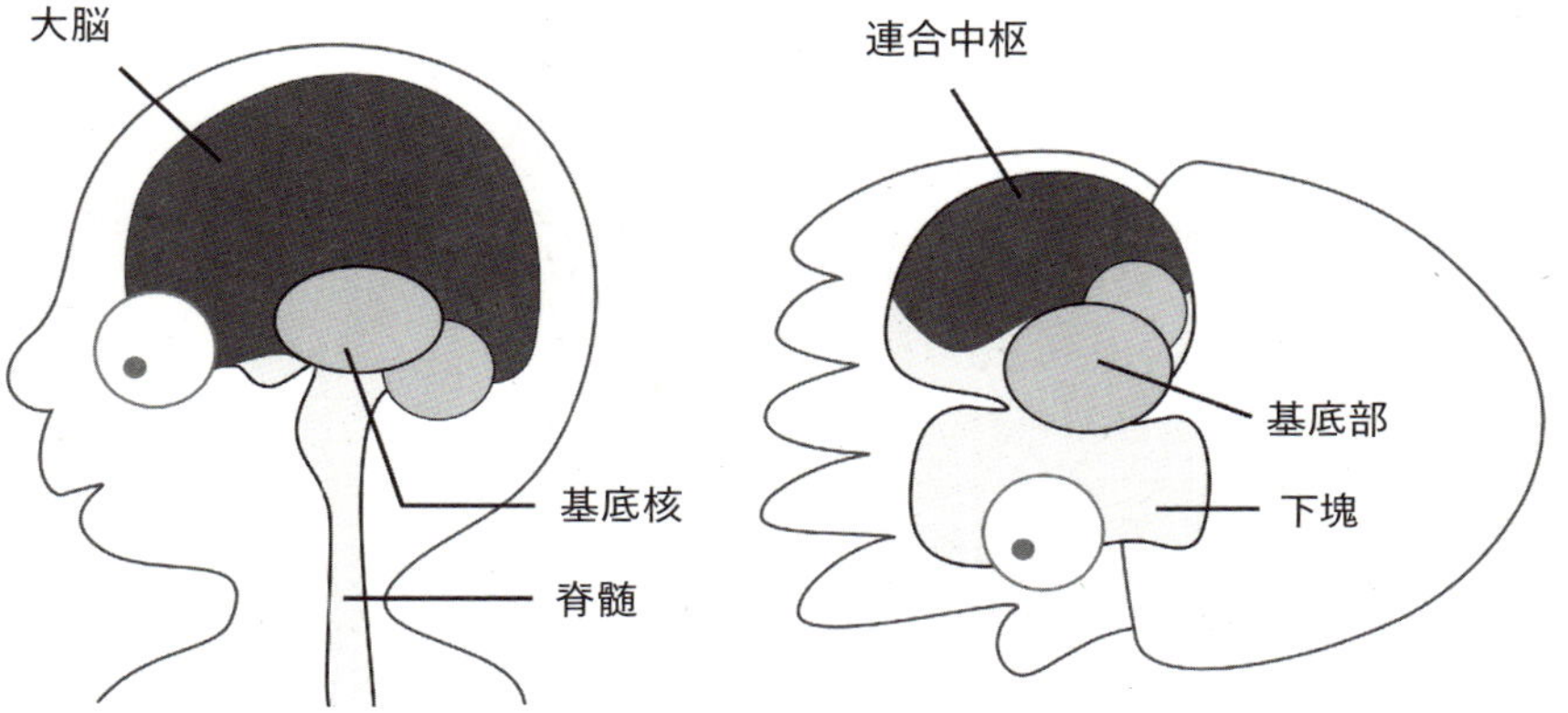

ヒトとタコに見られる脳の階層構造　低次段階には生理機能が、高次段階ほど学習や判断などの機能が配置される。

されている。電気刺激をコウイカの脳のさまざまな部位に与える実験によって、人間の脳と似た低次・中次・高次の場所があることがわかってきた。

低次の場所は腕や外套、漏斗を制御する。さらには内臓や心臓など体の基本的な機能に加え、視覚・嗅覚・触覚も司っている。中次の部位は腕や姿勢の調整に関わっていたし、高次の部位は視覚や触覚の学習に関わることや、長期記憶に関係する。

さらに、社会性を持つ種では高次の部位が大きく発達していることもわかってきた。ヒトの大脳のようにシワがあり、複数の運動や感覚の情報を統合するのもここだ。

このようにコウイカの脳も低次、中次、高次といった階層性を持ち合わせており、やはりヒトの脳と同じく、原始的で古い能力に関する場所もあれば、新たに生まれた部位もある。このような脳の階層性は、脳そのものの作りはかなり違うとはいえ、タコにもヒトにも共通して存在している。

03 学び続ける頭足類

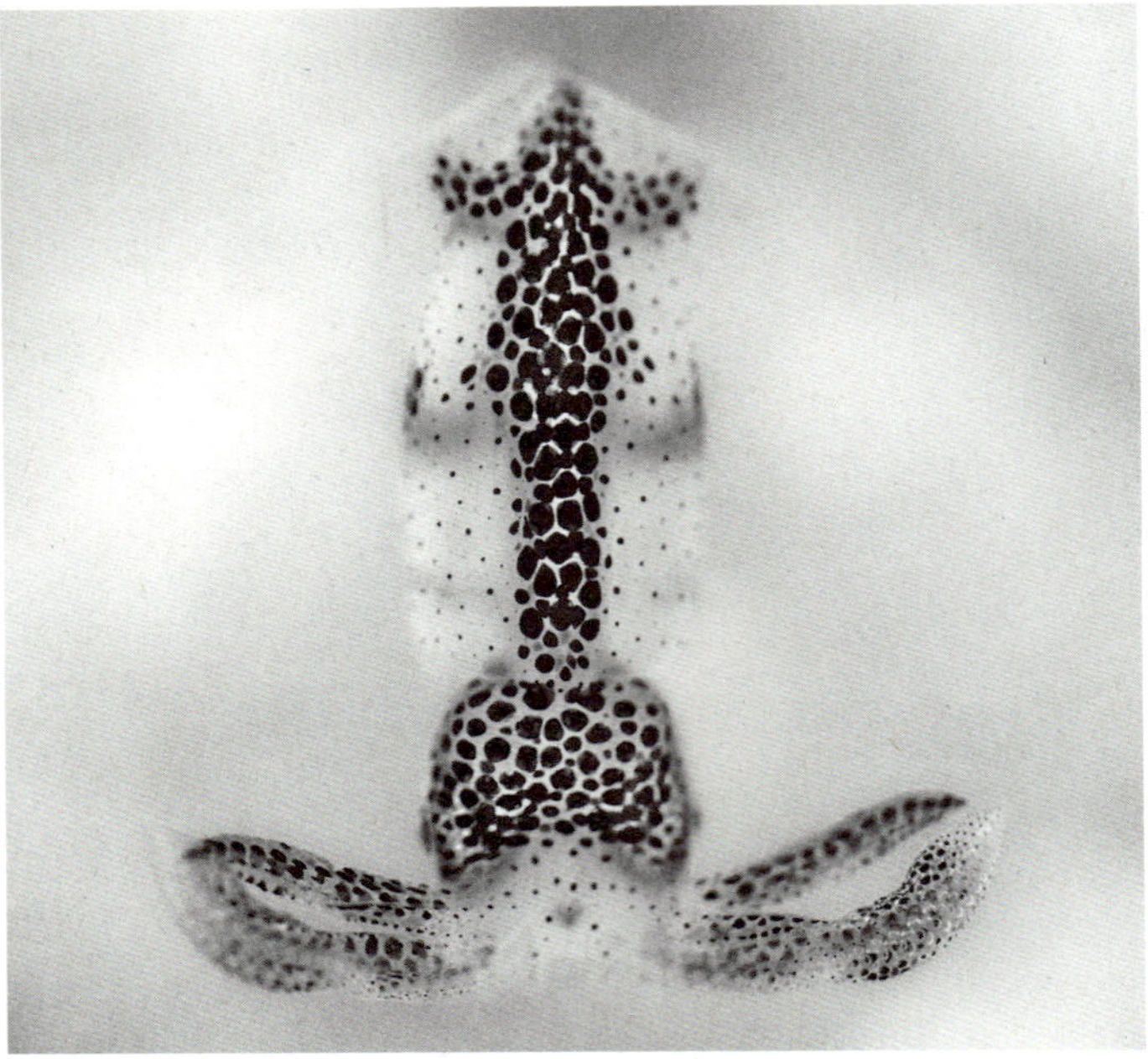

アオリイカの子ども　生まれて数週間でさまざまな模様が表れ、多様な姿勢がとれるようになる（写真：中島隆太）。

タコやイカ、オウムガイといった頭足類の子どもは「賢く生まれる」。

まず卵が栄養に富んでおり、子どもは十分に成長してから生まれる。幼生の時期はない。生まれるまではマダコで通常は1か月、オウムガイの場合は1年と長くかかる。タコやイカの場合は、通常、卵は透明なので、生まれる前に卵の中から見えるものを学ぶ。そして親と同じような形で生まれる。

これらの赤ちゃんの眼は大きく、腕は長い。生まれてすぐは体の中に栄養があるため、数日は餌を食べなくても生きられる。この間に小エビなどの餌を探し、いろいろなものを攻撃し、食べられる餌か、それとも敵かを学んでいく。

頭足類の子どもは動くものにしか興味を示さない。死んだものや、海藻や泥は食べない。また、自分より大きなサイズの餌を求めるが、最初は捕まえるのに失敗することが多い。小さい餌でも動きが速すぎ

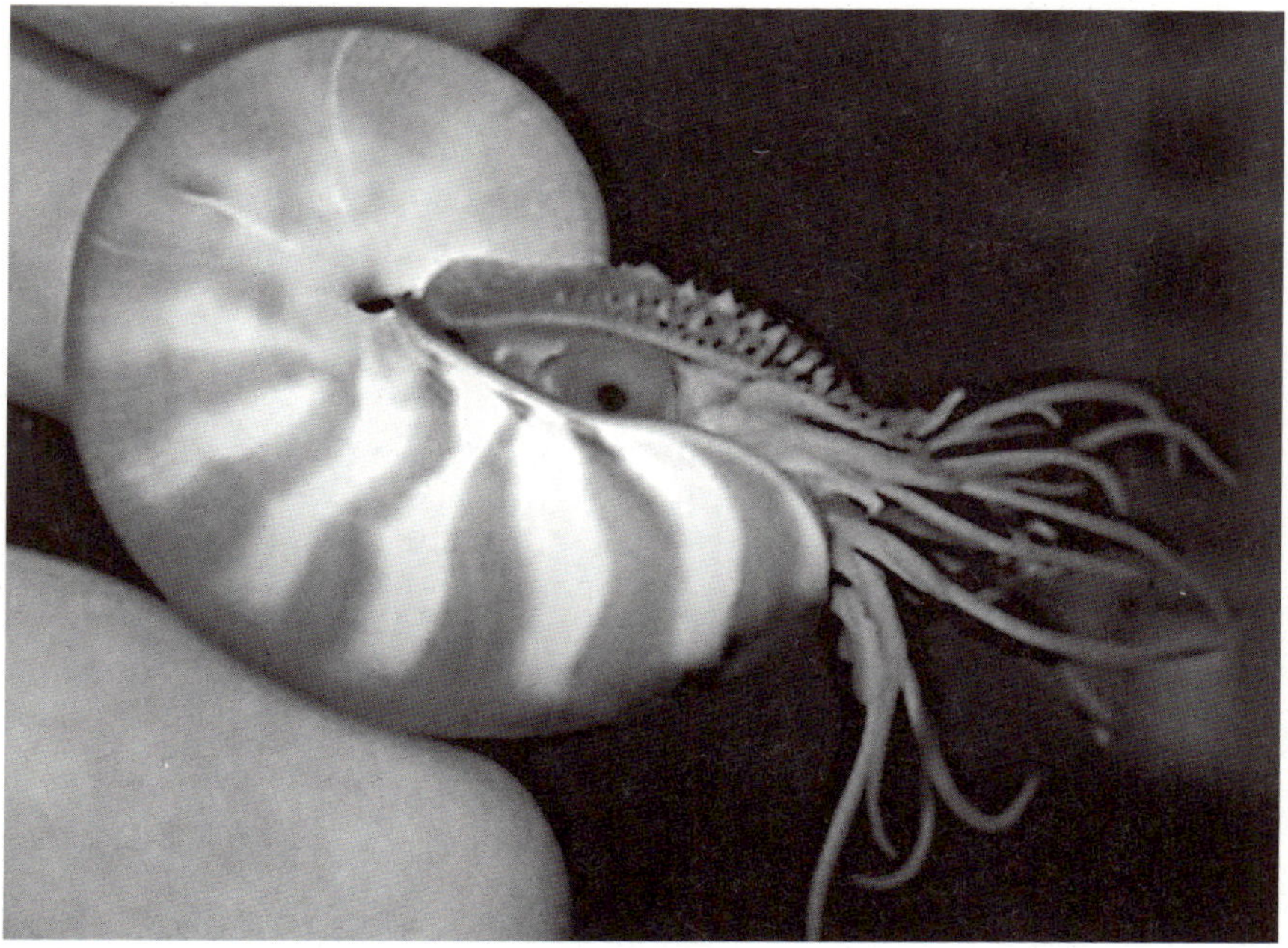

オウムガイの子ども　オウムガイの生まれたての子ども。既に大人のような形を持つ（写真：鳥羽水族館提供）。

ると失敗する。このように腕で触ったり、味わったり、眼で見たり、餌の捕まえ方を懸命に探しながら、生きる術を自ら学ぶ。

この生まれてから1か月は大事である。餌取りやその学習に失敗した多くの子どもたちが死んでいく、一番過酷な時期でもあるためだ。

この時期は体と脳の成長が著しい。腕は長くなり、眼の動きも活発になり、体が示せる動きのパターンも増える。そして何より脳の中では、触ることや見ることに関わるところ、そして触覚についての学習や記憶に関わる部位が急激に大きくなる。

大人になると、タコの場合、海の底に隠れるような隠遁生活を送る。隠れ家を探し、岩を真似て隠れることが上手くなる。そのときも、隠れるための体の模様が新たに生まれる。頭足類は、生まれてからずっと、生活スタイルの大きな変化に合わせながら、賢く学ぶことができる生き物なのである。

04

酔い、麻酔され、眠る

麻酔で眠るタコ　麻酔で眠ったタコの子どもたち。眠りかけの個体は体の模様が動くのでわかる。

賢い動物ほど痛みに敏感である。タコやイカの実験で行うときは苦痛を軽減するため、麻酔をして実験を行うことが定められている。

頭足類の麻酔で最も広く使われているのは2～3%のエタノールを海水で溶かしたもの、つまりアルコールである。それに漬け込むと、タコやイカは体が麻痺し、ときに腕が変な動きを見せ、眼が緩み体が透明になって、そして眠る。

眠りもどうやら私たち人間と似ているらしい。眠っている間は、海中を移動するために使われる漏斗から海水をゆっくりと出し入れし、呼吸は正常のようである。そして数十分後、アルコールを海水に戻して、成分を洗い流せば眼が覚める。突然起きる場合もあるが、アルコールの濃度が強すぎると心臓が止まり、死んでしまう場合もある。呼吸が止まった場合、心臓をマッサージすると稀に息を吹き返すこともある。

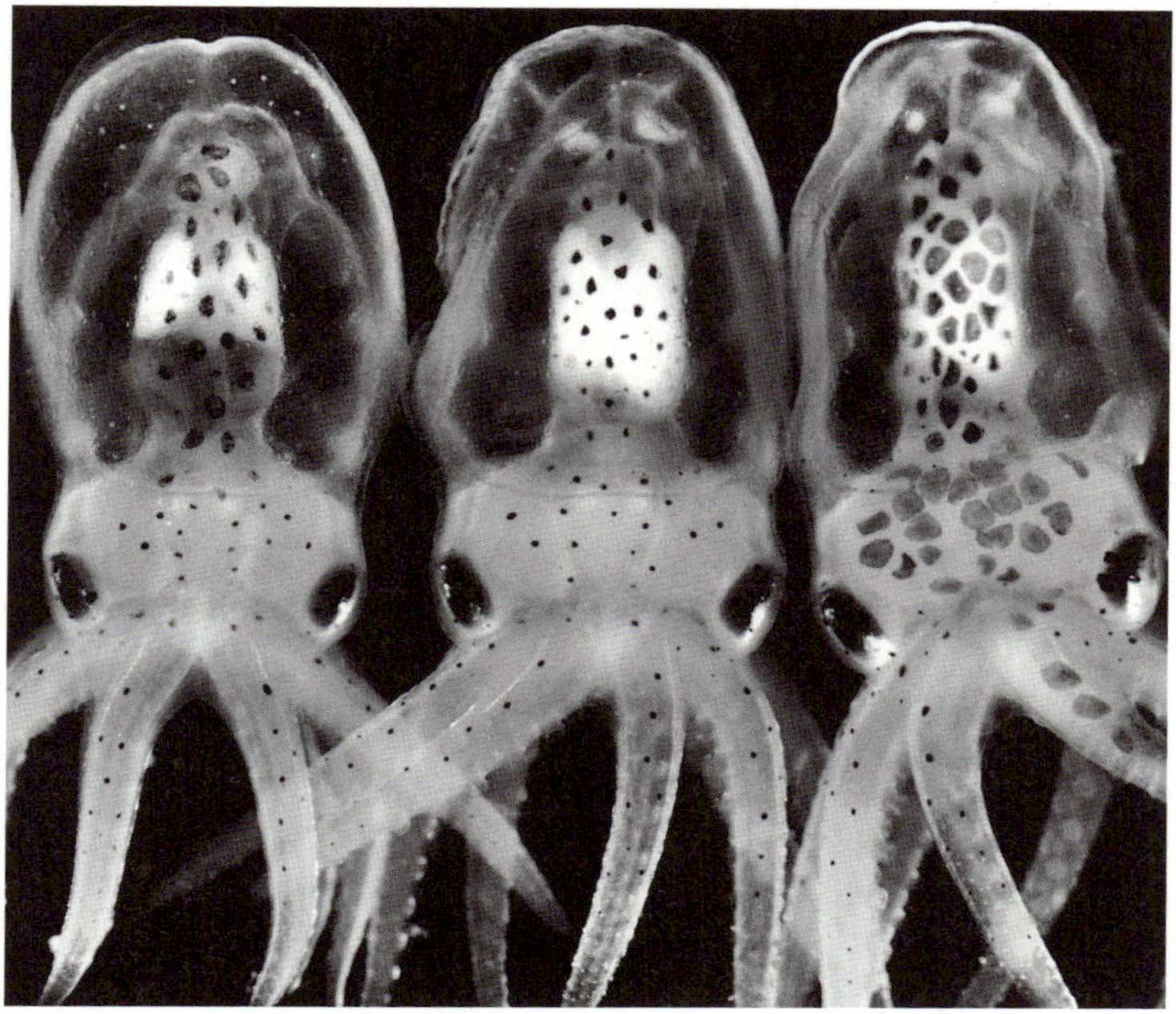

酔っぱらうと透明になる　アルコールで麻酔したタコの子ども。体は透明になるが、一部の色素は広がっており、麻酔が効く程度は個体差がある。

近年の研究では、麻酔は本当に痛みを和らげているか？　麻酔後は正常に戻っているのか？　トラウマはないか？　などが注意深く調べられている。一部では、エタノールは痛みが残る可能性があるから麻酔としては最適ではないとして塩化マグネシウムを使うケースも出てきている。

私たちはタコ・イカの痛みや麻酔の効果について多くを知らないが、実験ではイヌ、猿、マウスと同じように扱い、大切に処置することが要求されるようになった。皮肉なことに日本では食材としてのタコやイカが身近であるため、愛護については欧米の研究者と大きなギャップが生まれてきている。そのギャップが、研究結果の解釈などに影響することも少なからず見られるようになってきた。

今日、動物愛護と無用に殺すことを防ぐ観点から、頭足類の麻酔の方法は法的に検討されてきた。ＥＵで２０１３年に施行された『Directive 2010/63/EU』という法律では、猿やマウスなどの哺乳類を実験に使用するときと同じように、タコやイカの扱いも厳密に規定されている。

05

タコは痛みを覚えている

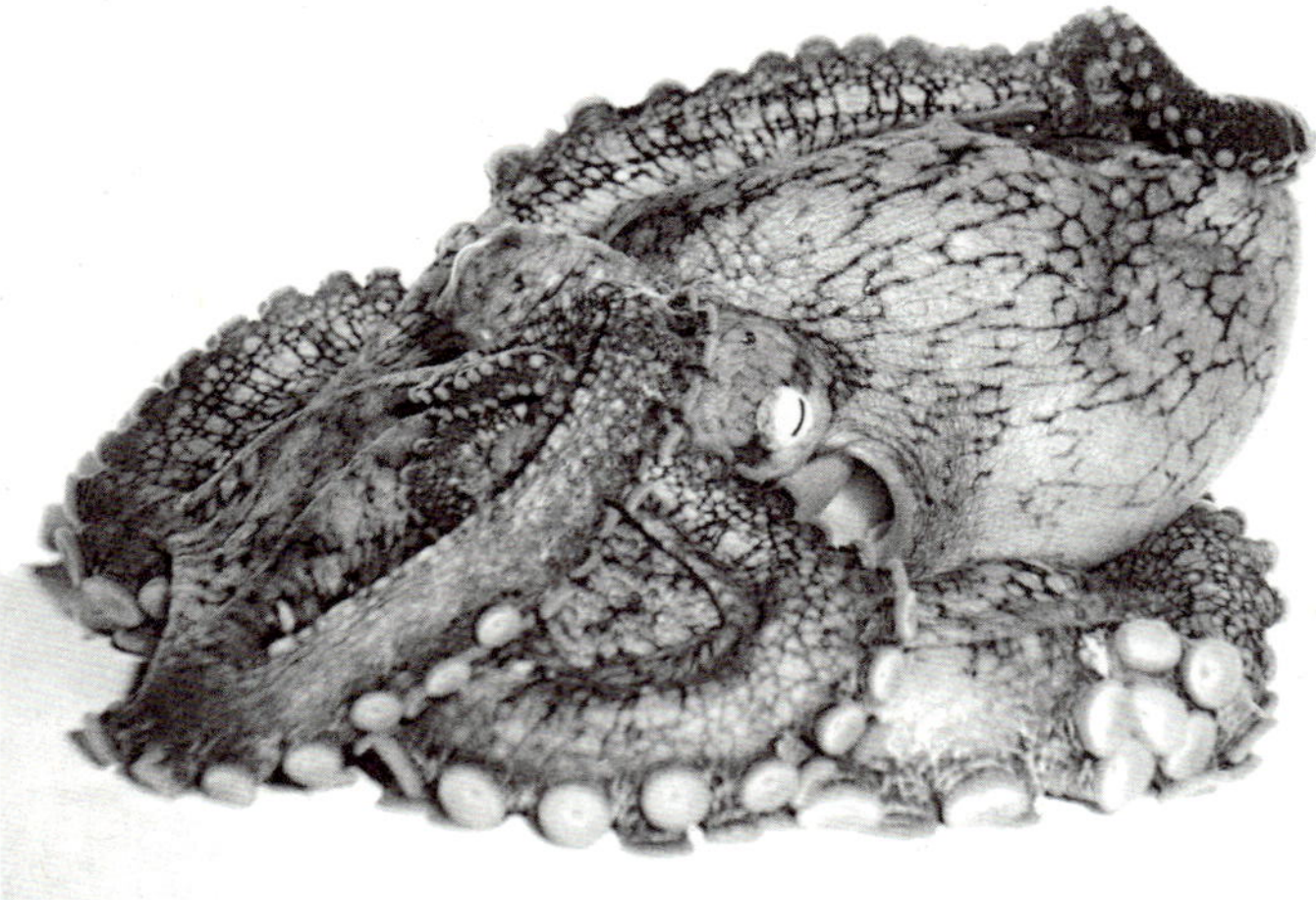

頭が痛い！ 麻酔をかけて脳切開を行った後、麻酔の効果が切れると頭を腕で押さえる。痛みを自身で癒そうとする行為。

知性が発達したタコやイカには神経質な面があり、痛みや苦しみには弱いらしい。ときに、苦しさを体全体にある色素を異常に激しく変化させて表現するのである。だから、タコやイカは他のどんな動物よりもその心情がよくわかる。

タコやイカは苦悩の「表情」を色素を拡大した真っ黒と茶色で瞬時に現し、その茶黒色を波立たせて体の端から端へと動かす。ときに眼とまぶたを鋭く尖らせ、腕を異常にくねらせる。陸上にいるならばキュッキュッと鳴くことも多い。飼育していると、些細なことで体が傷つき、不明の理由で死んでしまうこともある。

タコやイカの痛みはどの程度人間と似ているのだろうか？　ハエ、タコ、魚、ヒトなどで共通する、痛みの際に開く受容体は既に特定されている。物理的な刺激にもこの受容体は開くし、炎症などのストレスで生じた物質でも開く。この受容体の仕組みはハ

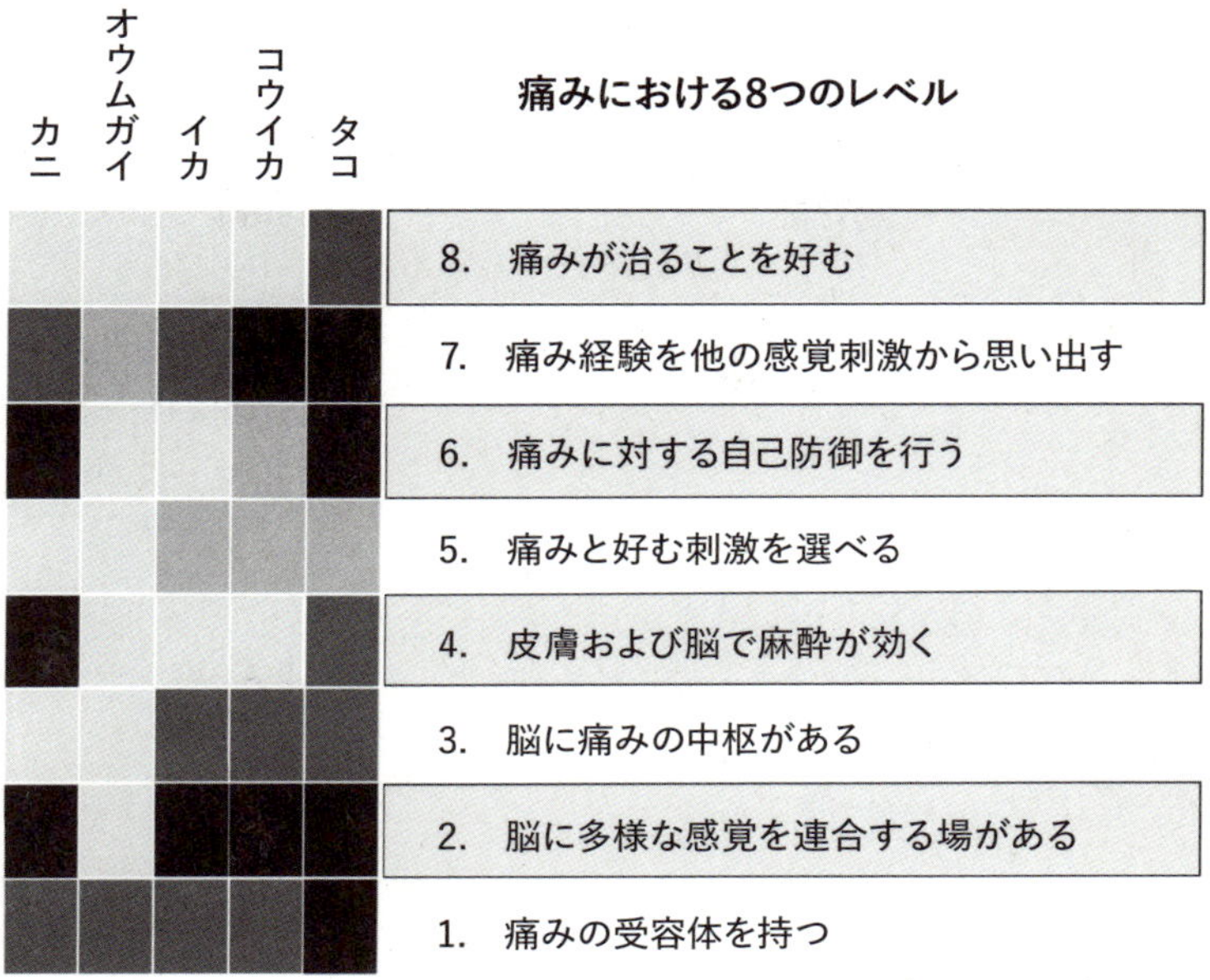

生物の痛みのレベル　痛みの知覚力のレベルを表す表。タコやコウイカで高いレベル7は痛みと他の経験を連合させることを表す。黒色が非常に高い可能性を、薄い黒がやや高い可能性を示す。比較にカニの例も示されている（Birch 2021を改変）。

エとヒトでとても似ていて、進化の起源も古く、したがって多くの動物種で保存されている可能性がある。そのため、タコやイカも少なからず似た痛みの感覚を持つのは確かであろう。

さらに、痛みの認知の程度は動物愛護の分野で極めて大事な話になる。動物愛護法で一般に使われている基準を改良し、さまざまなタコやイカの痛みの知覚力のレベルを表のようにまとめた研究がある（上）。レベル1が痛みを感じられること、レベル2が大脳のような箇所に痛みを感じる中枢があること、さらにレベル7では、痛いという感覚と他の感覚が連合して記憶され、特定の匂いで痛みを思い出したりする。最高のレベル8では、痛い場所を腕で覆ったりと痛みを軽減する動作を見せ、かつ、その動作を覚える。この論文ではタコやコウイカがレベル7の段階にあることは確かであり、タコ類はレベル8である可能性も高いという。この結論は、タコが陣痛などの痛みを感じ、それに対処する行動をとり、痛みが治ってもそれを思い出せる可能性を示している。

06 ドラッグで興奮するタコ

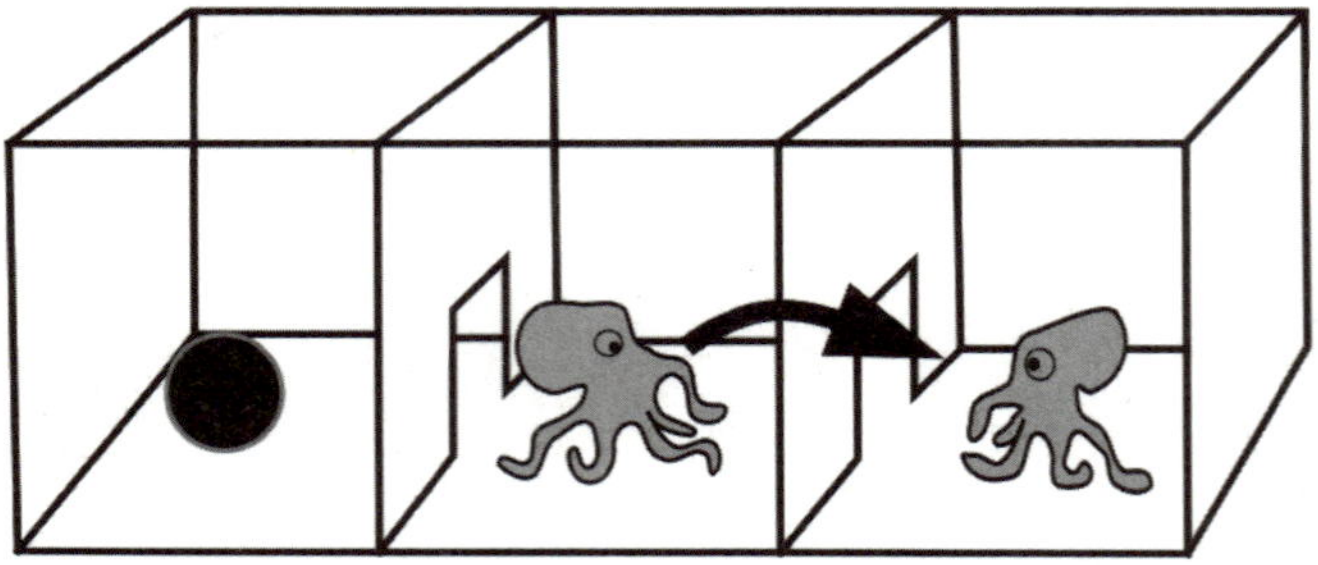

タコに麻薬を与えると……

麻薬MDMAを投与した個体は異性と過ごす時間が増えたり、異性に抱き着いたりする。Edsinger and Dölen（2018）を改変。

セロトニンという物質はヘルスケアの分野でとても有名である。脳内のセロトニンの量を高めると幸福感が得られたり、眠りから覚醒したりする。さらに、精神障害が改善したり血管が拡張したりと多様な働きを持っている。抗うつ薬の中にも、セロトニンの量を調整するものがある。

タコの知能の働きを調べる目的で、セロトニンなどの薬物を投与する研究は古くから行われてきた。その中で、特に劇的な効果が表れたのが、娯楽用のドラッグとして知られるＭＤＭＡ（３・４-メチレンジオキシメタンフェタミン）をタコに投与した研究だった。この薬はセロトニンを分泌するニューロンに強く働く。日本では麻薬に指定されており、その所持と使用は法律で禁止されている。

このＭＤＭＡをタコに投与すると、穏やかになる。体表の模様も通常とは異なり、点灯したり消えたりする。さらにはオスとメスが互いに強い関心を寄せ、

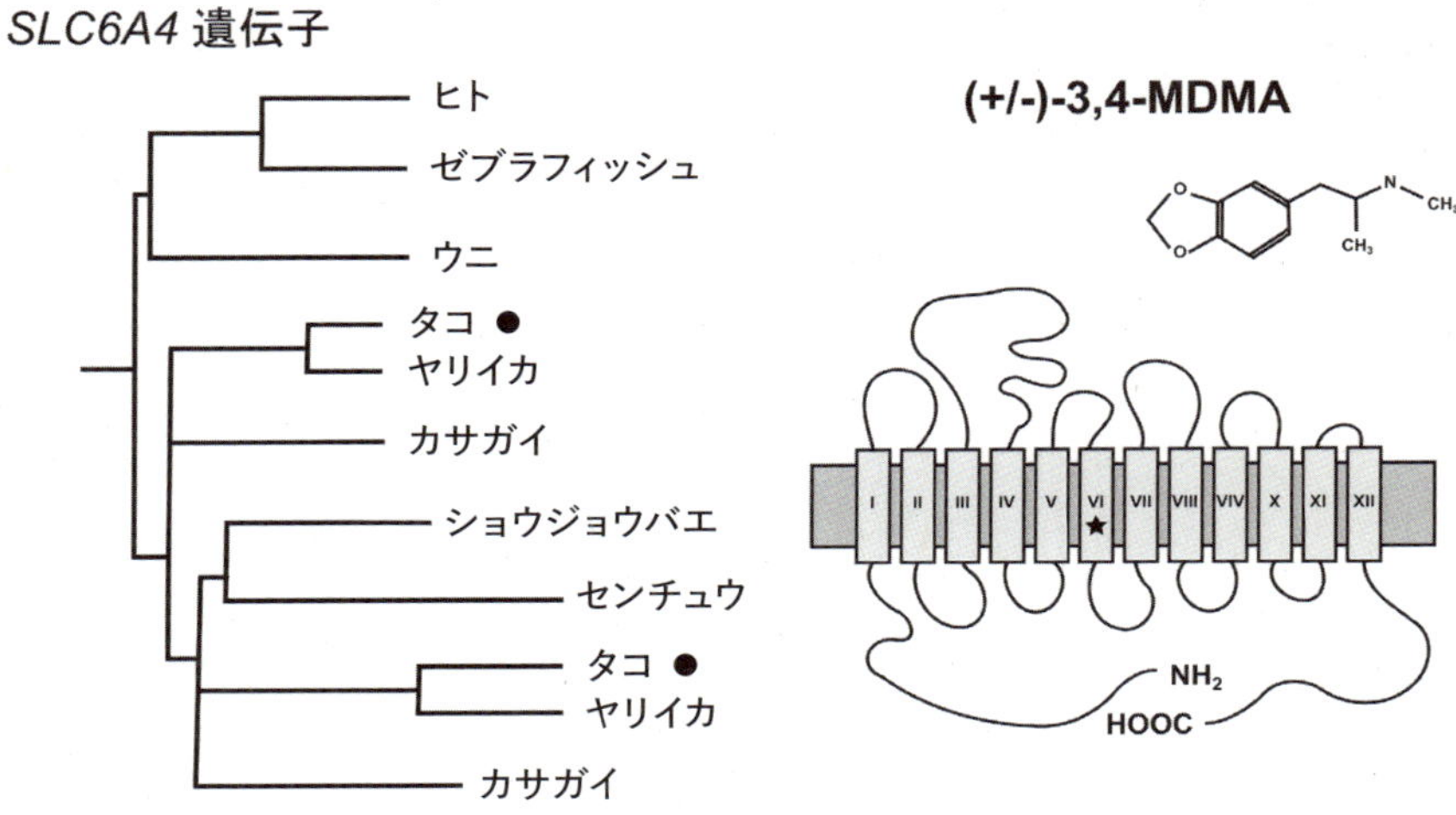

セロトニンに作用するMDMA 左はMDMAが作用するセロトニン輸送体遺伝子（SLC6A4）の系統図（タコは二つの遺伝子を持つ）。右は分子構造（★印が作用するところ）。Edsinger and Dölen（2018）を改変。

腕を大きく広げて抱き着く行為が多く見られる。つまりヒトと同じように興奮を引き起こし、性的な感覚や異性への親密感が強調されたようである。

唇を壁につけ、舐め回すような普通見られない行動もあったようである。麻薬のように幻覚作用が起こったかは不明だが、タコの脳の中でセロトニンがなんらかの効果を誘発したと考えられた。また、タコのゲノムにも、セロトニン輸送体というセロトニンの作用に関わる遺伝子（ＳＬＣ６Ａ４）が見つかった。ＭＤＭＡはここに作用する。

さらに、タコのゲノムにはセロトニンのみではなく、ヒトやマウス、魚などで神経の作用に関わるさまざまな基本的な遺伝子がある。これはタコゲノムが解読された際の驚きの一つだった。この結果をもって、タコはヒトと同じように喜怒哀楽を持ち、痛みを覚え、感じ、活動するのだと考える人もいる。

07

タコに愛情はあるか？

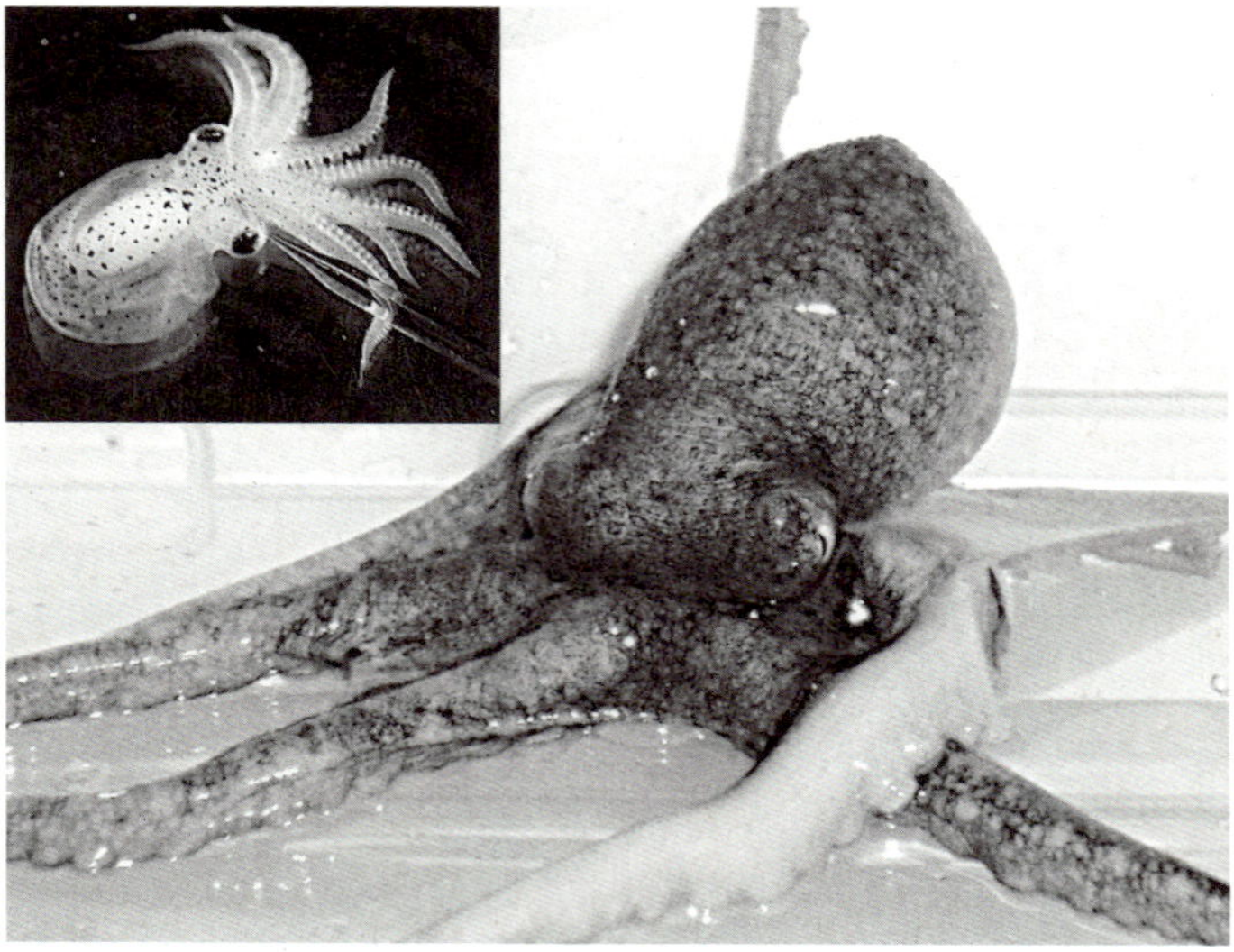

「愛の分子」を注入されたタコ　タコにバソプレシン属ペプチドを注入すると壁をよじ登り、吸盤や行動が活動的になる。

タコの愛情や感情も、ヒトと同じ仕組みで成り立っているかもしれない。脳の視床下部から放出されるバソプレシンとオキシトシンは、社会的な絆、個体の識別、記憶など社会性に重要な役割を持つ物質として知られ、「愛の分子」とも呼ばれる。ここでの愛とは求愛、すなわちメスとオスとが好んで寄り添うことである。

タコやイカにも明らかに愛情や求愛、もしくはそれに似たものがある。もちろんそれがヒトと同じかどうかはわからないが、マウスなどの愛情に関わる遺伝子が、タコやイカでも同じように働いていることはわかっている。

タコのバソプレシンに関係する遺伝子は、サントリー生物有機化学研究所の南方宏之氏のチームが発見した。この遺伝子から作ったタンパク質をタコの心臓に振りかけると、心臓の拍動が速まる。さらに面白いのは、タコにさまざまな濃度で注射したとき

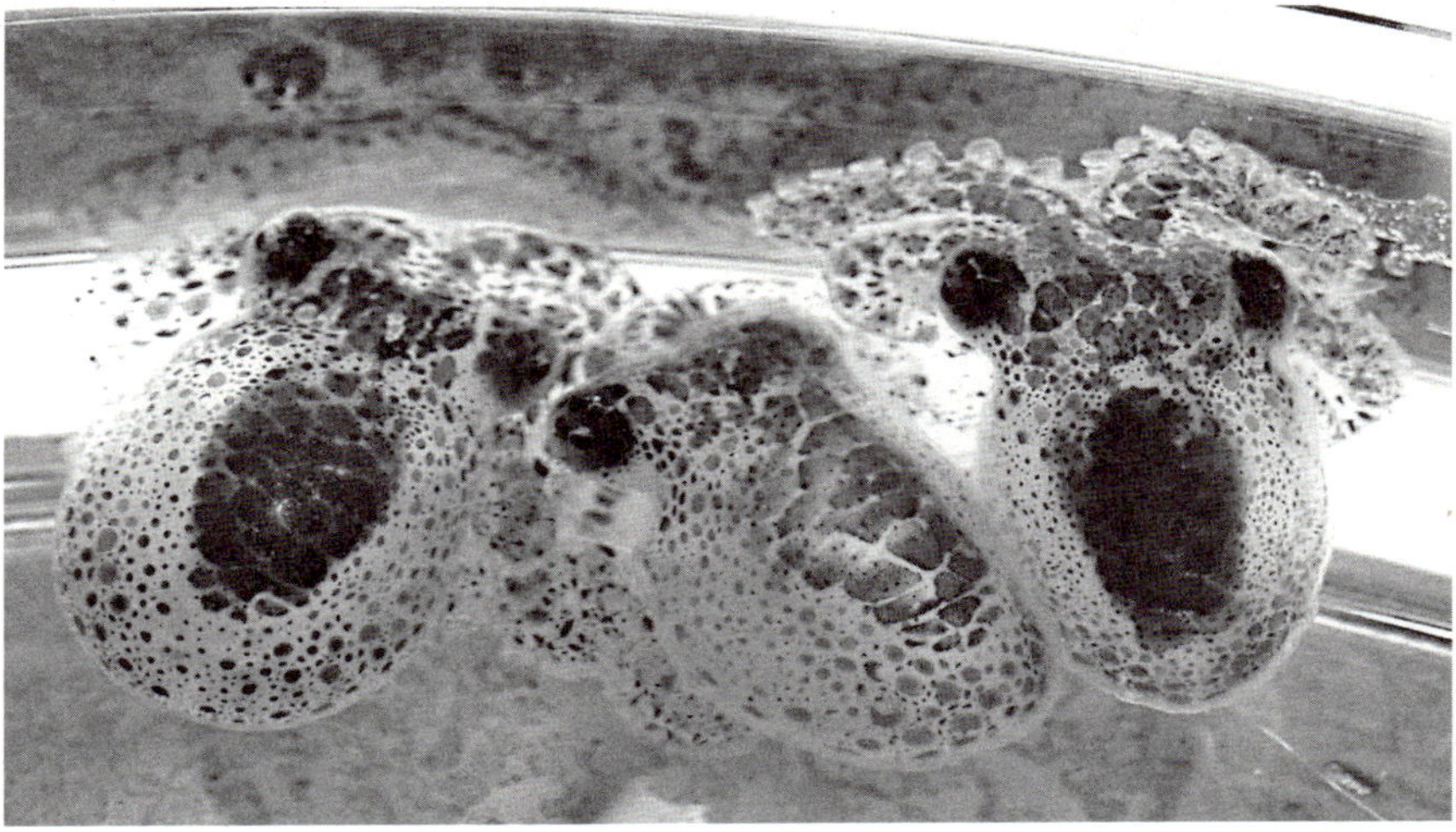

模様で興奮を表す子ダコ　子どものタコに注入すると容器から逃げ出すか、通常には見られない興奮状の色素の動きが見られる。

の動きである。麻酔をかけ、多めにバソプレシンを注入してしばらくすると眼が覚める。するとタコは全力で急激に泳ぎ回り、容器から這い出てしまう。おそらく心臓の拍動が早すぎるためなのだろう。

もう少し薄めて注入すると動かなくなるが、体中にある色素胞という赤・黒・黄色の模様を星空のように点滅させたりする。何やら興奮しているようである。少なくとも普段の冷静なタコとは違う。まだ異性に寄り添うといった行為は見られていないが、心臓の鼓動が変わっているということは、体の活力も上がっているのだろう。

また、タコのバソプレシンを生み出す脳にある細胞は、学習や記憶、見ることや触ることの中枢へと繋がっている。この認知に関わる脳内の中枢への回路は、マウスやヒトのものと似ている。さらに、マウスでその細胞が集まった箇所は、社会性、他人の興味、そして求愛に関わりがある場所でもある。

タコのバソプレシンを追っていくと、社会性や求愛に関わる中枢の場所がわかるかもしれない。

08

ヒトとは大きく異なる頭足類の脳

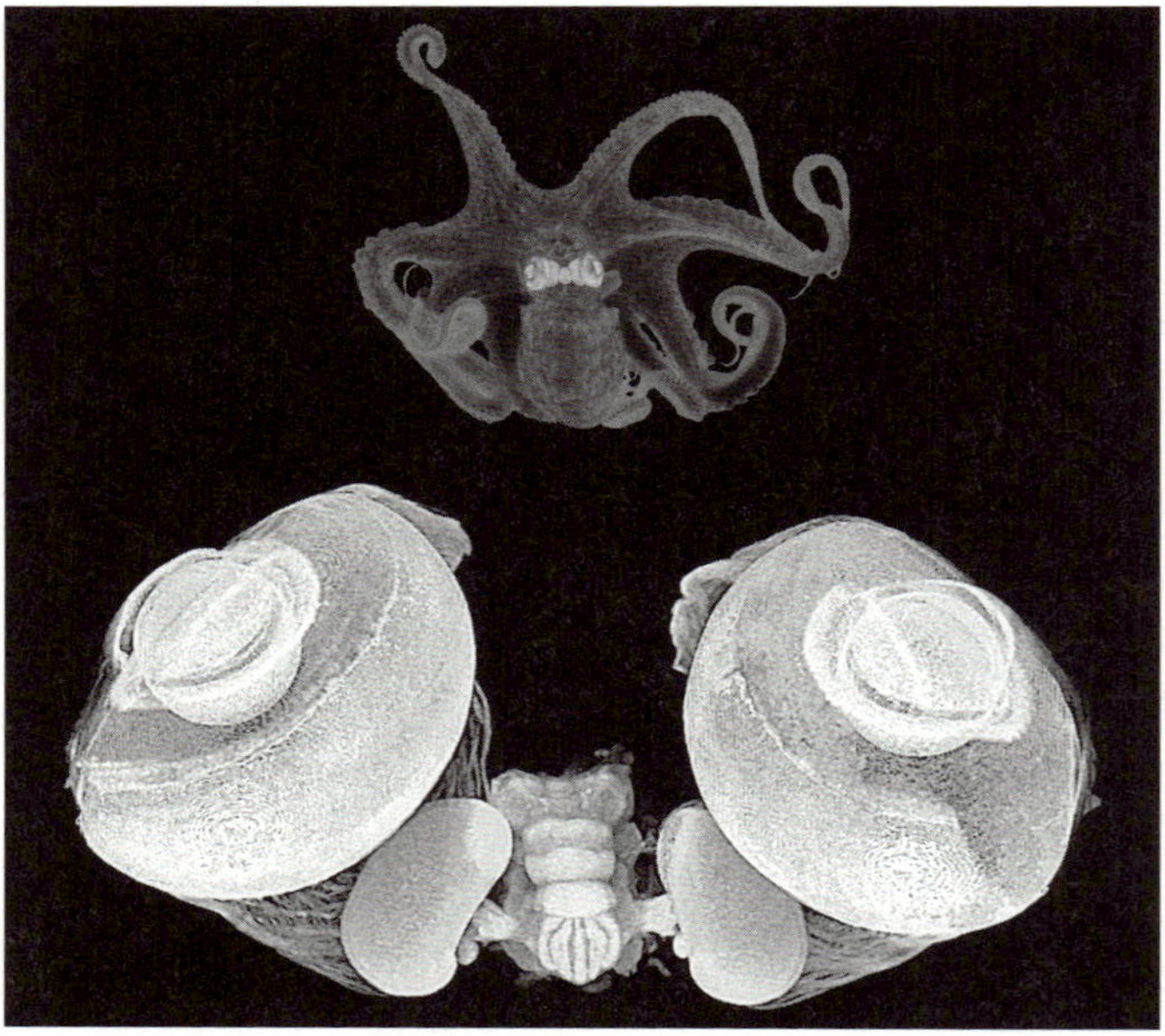

タコの脳と眼

脳は、両眼と神経で繋がる豆のような２つの部位と、学習を行う中央の部位に分けられる。

タコやイカの賢さは、その大きな脳を見てもわかる。脳は大きな二つの目玉の間にある。よく見ると、この脳には眼から入った像をまず映し出す大きな豆のようなものがある。その二つの豆の間、つまり脳の中心に、もっと高等な、記憶や思考などができる場所がある。その高等な部位には、私たちの脳のようなシワが入っている。

そして、頭足類では二つの豆と真ん中の塊を合わせて「脳」と呼んでいる。その脳は私たちの脳や、鳥、トカゲ、カエル、サメといった動物と比べられないほど形が異なり、研究者もどのように比べたらよいのか日々頭を悩ませている。

タコやイカは海の霊長類と呼ばれることもあるが、脳はそこまで大きくはない。ラットやマウスと同じ1㎤程度のサイズである。猿やイヌ、そして猫と比べたら圧倒的に小さい。体の重さに対する脳の比率も、ちょうど鳥とトカゲの間くらいの数値になり、脳

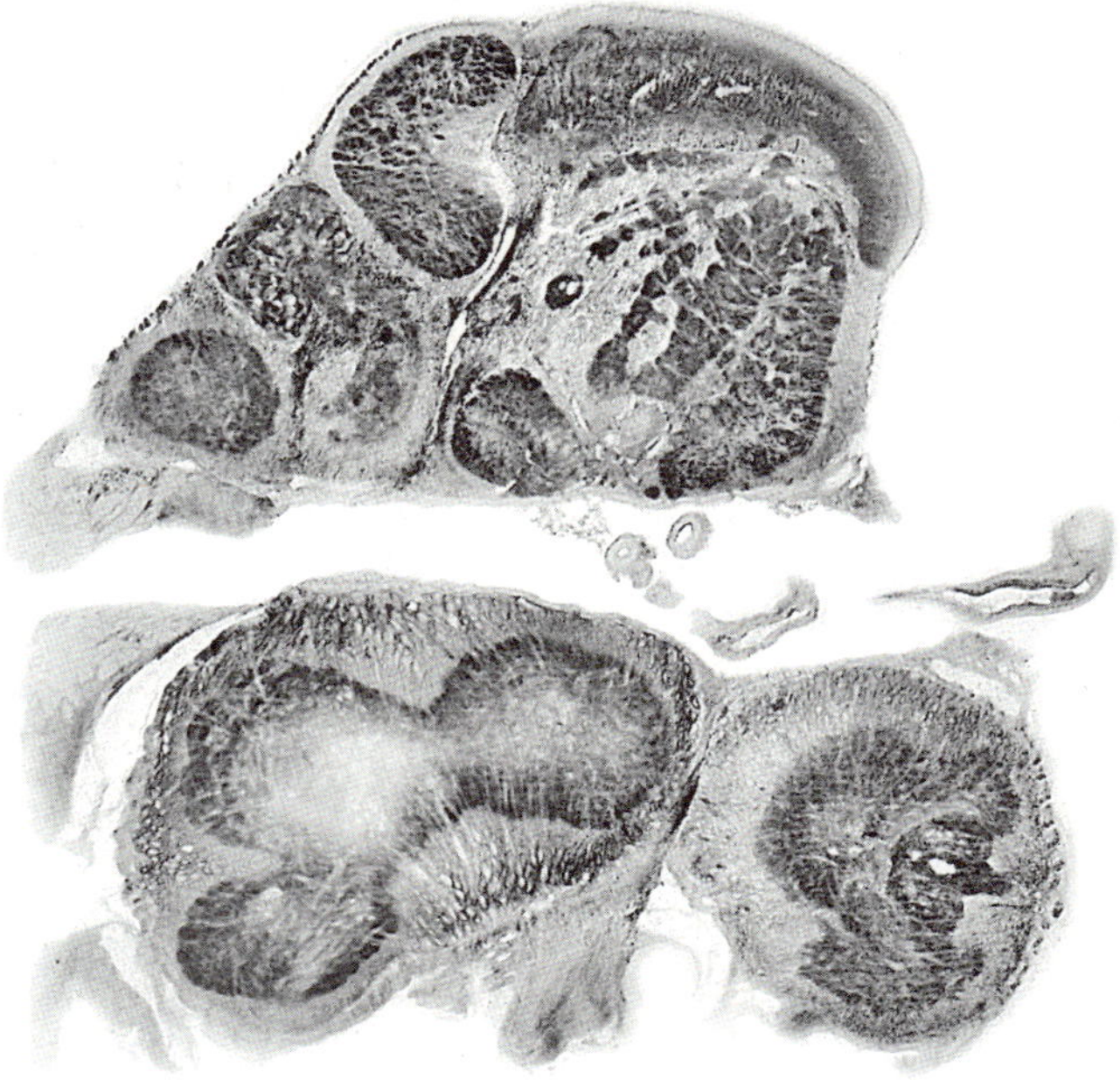

タコの脳の断面 縦に割断したもの。位相差顕微鏡による像。真ん中には食道が走っている。

の細胞の数は2億個ほどである。ただ、頭足類は8本の腕の中にも脳に似た細胞の塊がある。この8つの小さな塊の細胞の数を合計するとマウスと同程度になる。

もう少し詳しく脳を見てみよう。その作りは人間の脳とは大きく異なる。

頭足類の脳を縦に割って断面にすると、いくつかの丸い、もしくは楕円のようなものが集まっていることに気づく。これらは脳の役割を分担しており、それぞれの部分が、触ること、見ること、呼吸や内臓を動かすことなどを担当している。音を聴くこと、味わうこと、匂いを嗅ぐことを担当する領域もある。

加えて、これらの分担をさらに統合する部位もあり、学習や記憶などを行う。その部分を取り除いてしまうと、タコやイカは記憶を失ってしまうか、記憶力がとても下がる。このように、頭がよいタコやイカは、他の動物には見られない形の複雑な脳を発達させている。

09

似ている脳、似ていない遺伝子

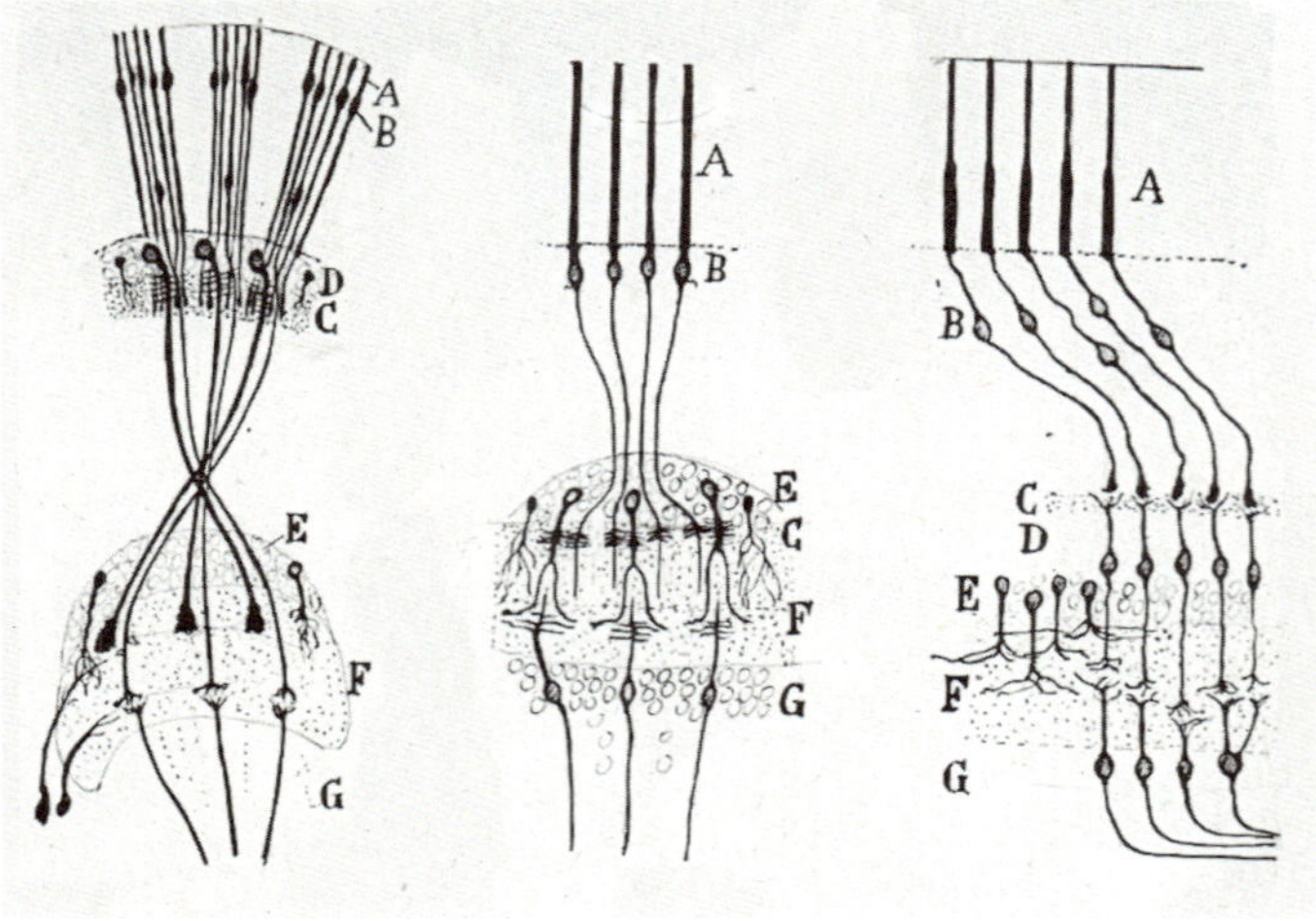

「見る」ための脳の仕組み　左からハエ、イカ、ラットの視覚についての脳の中枢。構造はよく似ている（Cajal 1930を改変）。

1930年、神経を染めて観察する技術の登場により、ラット、イカ、そしてハエの脳の、視覚情報を処理する部分の仕組みが驚くほど似ていることが発見された。

それまでは、脳の構造は動物によって大きく異なるため、比較するのは難しかった。だが、そこに共通の構造が見つかったのである。

太古の生物が持つ神経系は単純だったが、進化と共にだんだん集まって大きくなり、最終的には塊となった。それが脳である。

だが、進化の過程で生物はどんどん分岐するため、脳は頭足類の系統や哺乳類などの系統で、それぞれが「独立して」進化した。つまり、互いに無関係に複雑になっていった。

タコやイカの脳は、祖先に近い生物にあった、分散した網状の神経系に起源を持つ。それがある種の貝で梯子のような形になり始め、やがて眼の発達と

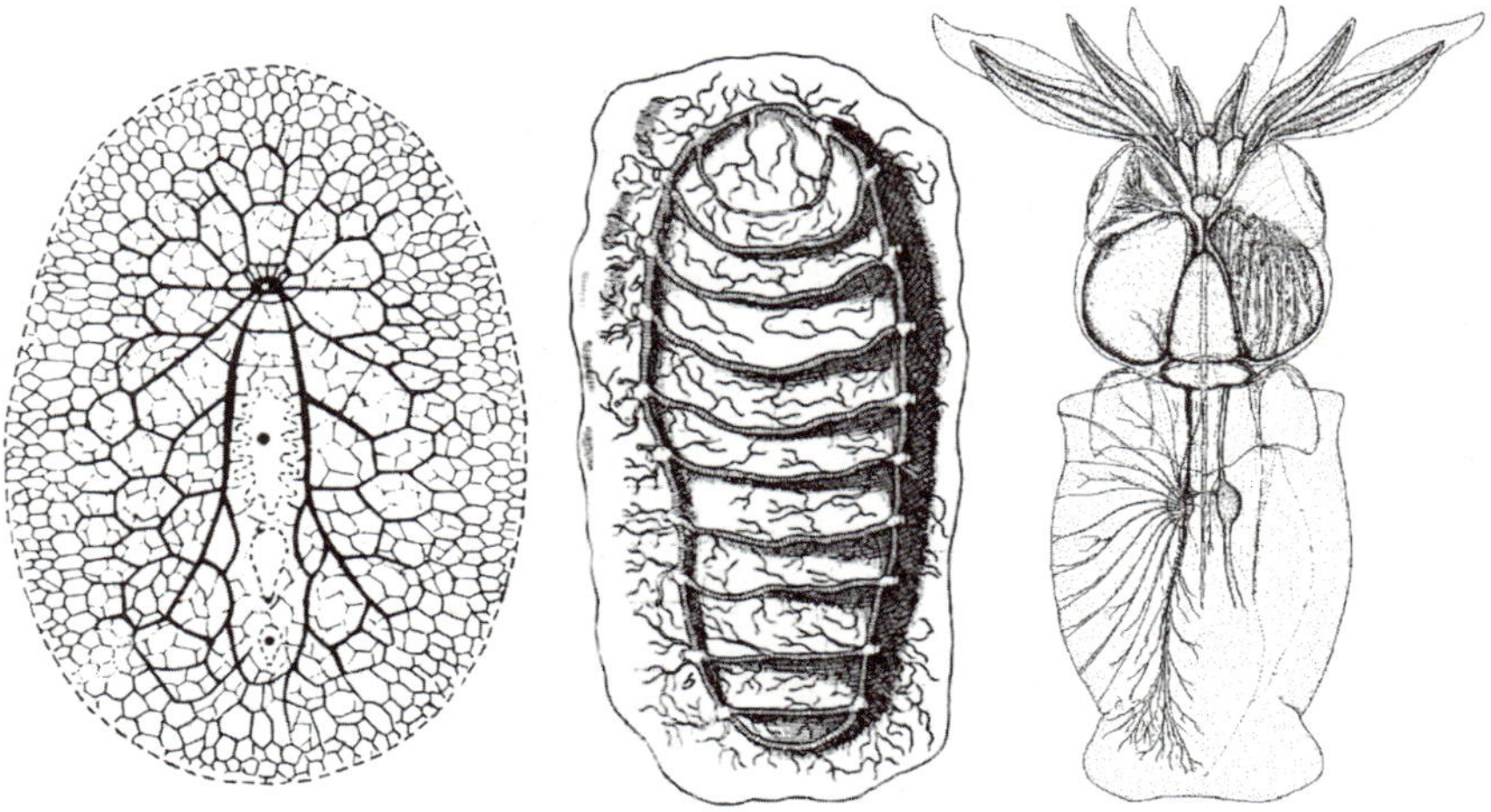

イカの脳への進化　神経が網のように集まっていき、それがイカの脳へと進化した。左からヒラムシ（Hanstroem 1928を改変）、ヒザラガイ（Swammerdam 1758を改変）とイカの神経系（筆者［滋野］画）。ヒラムシとヒザラガイは頭足類の祖先に近い種。

共にその中枢が大きくなり、頭部で脳になった。

最終的には、タコやイカの脳にも、マウスやハエの大脳と比べられるような構造が発達した。タコやイカがヒトの祖先と分岐したころの共通の祖先には、単純な神経系しかなかったにもかかわらずだ。

さらに、研究が進むにつれ、頭足類の脳とヒトやマウスの脳とでは、大きく異なる点があるとわかってきた。関係する分子や遺伝子の使い方である。

近年、イカやタコの眼や脳を作り出す遺伝子の多くは、ヒトやマウス、そして昆虫にも共通して存在するとわかってきた。だが、その遺伝子の使い方は、頭足類とヒトやマウスとでは、比べることが難しいほど異なる。

脳や知性は一見、離れた生物同士でも、似たような仕組みを持っている。しかし、それを達成するために使われる遺伝子は、全く同じである必要はないらしい。多くの動物で共通した使い方がされているものもあるが、想像以上に多様化している。

10

知能は段階的に生まれる

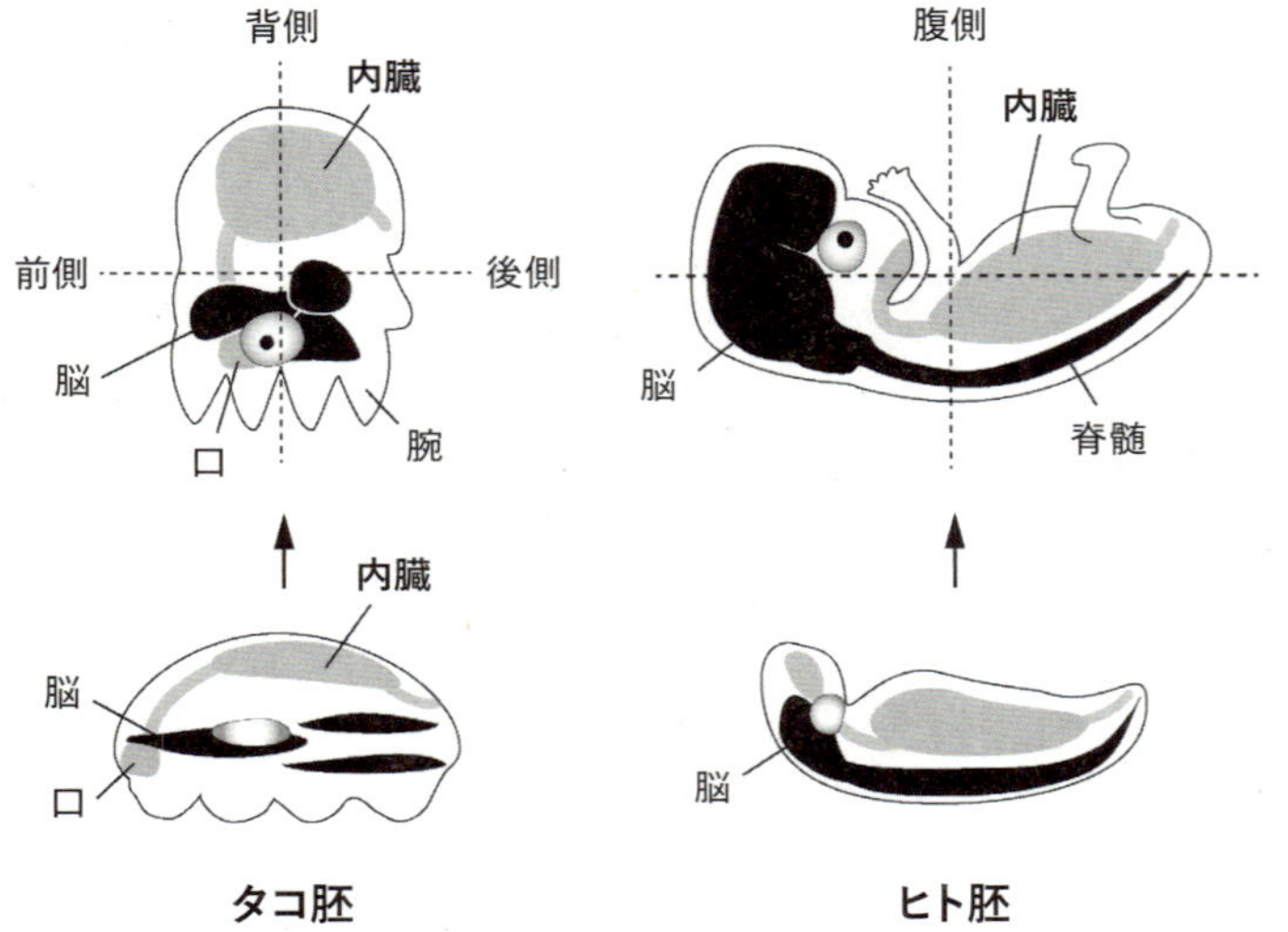

タコとヒトの脳と内臓の作られ方　「前・後」や「背・腹」という体軸を基準として、体と脳（黒色）を比べることができる。

体が作られるときは、まず前と後、左と右、背と腹といった基本の軸ができる。タコやイカでも前後と背腹といったように体が作られ、脳もその軸に沿って秩序だって組み上がり、だんだんと複雑になっていく。

この体と脳の「軸」は、ある動物を他の動物と比べるときに大事な基準となる。ヒトの脳の前側はタコの脳の前側と比べられるし、タコの体についても、神経が腹側、内臓が背側（つまりヒトの逆）と考えるとヒトの体と比較できるようになる。

タコやイカの発生では、はじめ脳は分散しており、やがて3つの塊が生まれ、それらが脳となる。その際、体を動かす基本となる神経が作られるのだが、それはちょうど腕から体の中を走るので、脳を貫くことになる。この回路は泳いだり、逃げたり、腕を動かすことに関わる回路であり、脳の主柱にもなっている。そして次の段階として、姿勢を制御すること

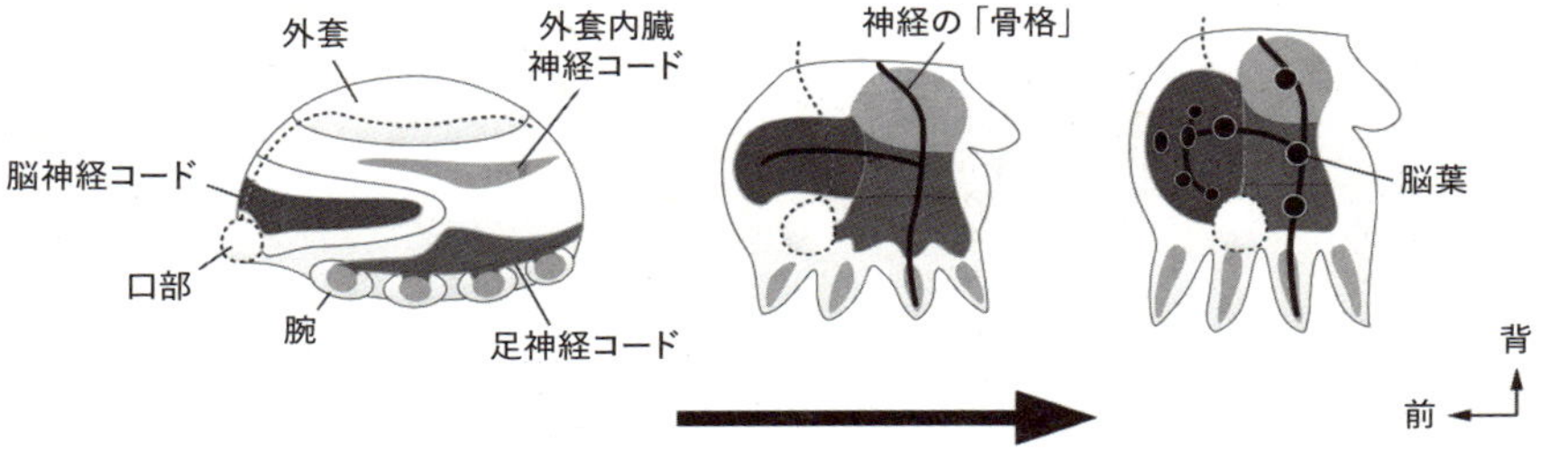

タコの脳と基本的な骨格となる回路の発生

脳の部位はこの骨格を基礎として形作られていく（Shigeno et al. 2015を参考）。

などの高度な動きを司る神経が生まれる。

やがてタコが卵から生まれる直前の状態になると、高い認知能力に関連する学習などの回路が生まれる。この学習に関わる中枢もはじめは簡単な形だが、生まれてすぐに餌を探し求めるアオリイカやコウイカ、そしてイイダコなどは素早く、大きく発達する。一方、生まれたときには餌を食べず、しばらく浮遊しているスルメイカなどでは学習についての中枢は小さい。

生まれた後の若いタコやイカではこの学習についての中枢が極めて早く発達していく。ちょうど、敵からの逃避や餌の探索などを学ぶタイミングだ。

その様子は、生後のヒトの赤ん坊の大脳が大きく発達するのに似ている。やはりヒトの脳と同じように、シワも深くなる。ヒトの胎児の脳では、はじめ手足を動かす動き、次に這い回って歩く回路、そして最終的に意思や判断、社会に適応するための中枢が大きく発達していくが、タコやイカの脳でもそのように順序立って、高い知能が作られていくのである。

11

体と脳の情報ルート

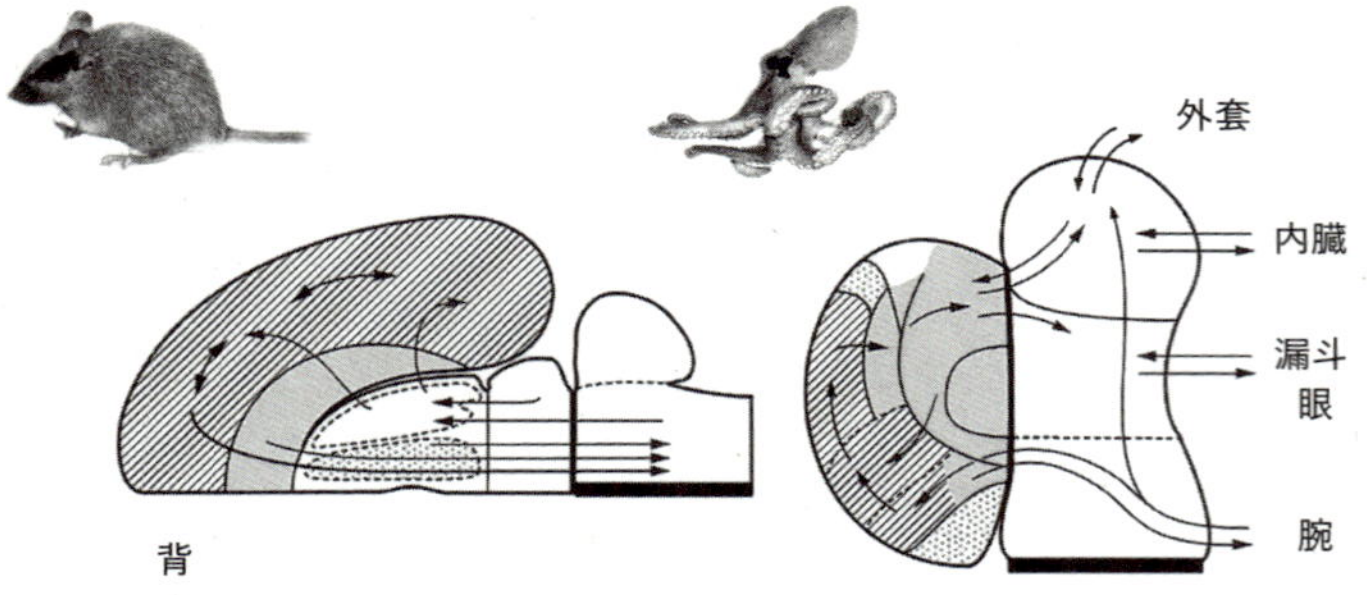

マウスとタコの基本情報ルート

マウスとタコの脳の機能が似ている領域と、基本となる情報のルート。マウスの腹側を走る大脳から脊髄や腕に走る回路はタコでも見られる。タコの脳は体軸を合わせるために角度を変えている（Shigeno et al. 2018を改変）。

タコやイカの知性と体を知るためには、基本的な情報の流れを理解することがカギになる。特に、腕から脳へと至るルートはタコの意図的な動きを担っており、マウスやヒトが持つ、手の精巧な動きなどを司るルートと比べることができる。

このルートはマウスやヒトとタコとで共通点が多く、いずれも脳から腕に走る、最も強く、太く、長い神経で、ヒトではあらゆる動物で一番に発達している。

タコでは、この太い神経は脳を貫いている。腕や吸盤にはさまざまな形や味などを感じる細胞があり、それらもこのルートに沿って走り、脳の中枢に入る。その領域は大きく発達しており、触ることについての学習や記憶も行っている。さらにこのルートは折り返して腕に戻り、腕を動かすためのルートにもなる。

このルートの他には、眼や内臓、泳ぐための外套

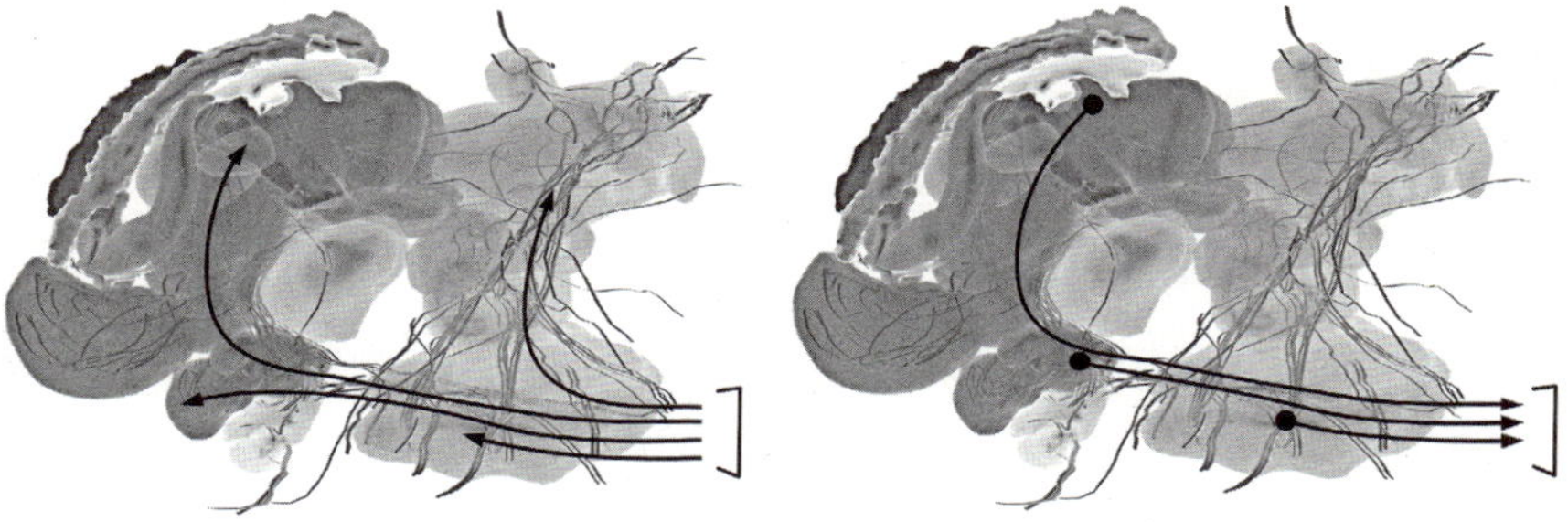

感覚の入力　　**運動の出力**

タコの脳の基本ルート　タコの情報ルートの中でも最も長い、腕からの基本となるルート。感覚などの入力（左図）と運動への出力（右図）は同じ場所を走り、ヒトやマウスの皮質と脊髄を繋げるルートと比較できる。

から脳に至るルートがある。眼から来るルートは、光を像に変える細胞からそのまま脳の内側に入り、より詳細に像を映す部位へと流れる。そして視覚情報を学習する場へ入り、さらに腕などからの触覚の情報と合流する。

眼からの情報は他にも、泳ぎ、眼球の運動、姿勢、匂い、免疫などの内分泌、生殖などを司る部位とも密に繋がっている。内臓や外套からのルートも脳に入り、関連する中枢へと繋がる。

このように、基本となる情報のルートはその生物の体の特徴をそのまま表している。ヒトやマウスが持つ大脳から脊髄へと走る巨大なルートと同じように、タコが持つ最も長いルートは精巧な腕の動きと関係していると考えられる。

ということは、そのルートは、タコでもヒトのように意識を伴う運動を担う回路にもなっているということだ。

12

眼と体が繋がる知性

コブシメの眼

コウイカの仲間であるコブシメの眼（写真：中島隆太）。

タコやイカは一見、私たちとそっくりな眼を持っている。

透き通ったレンズ、まぶた、黒眼などは似ている。ヒトとタコの眼では同じように光をレンズで集め、虹彩で光の量を調整し、網膜という膜のような組織に世界の像を投影する。

その像は神経を介して脳に送られ、形の輪郭は強められたり消されたりして、ある決まった像のみが選ばれる。そして脳の体を動かす場所に送られたり、学習や記憶に使われたり、感覚とリンクしたりする。こういった流れはヒトの眼と同じだ。しかし、詳しく見ると、その構造は大きく異なっている。

ヒトの眼と比べると、第一に、網膜が反転し、表と裏が逆になっている。また、ヒトの網膜は光の像を何層にも並んだ細胞で調整しているが、タコやイカの網膜は一層で、光を感じる細胞しかなく、像を調整する部分は脳の中にある。

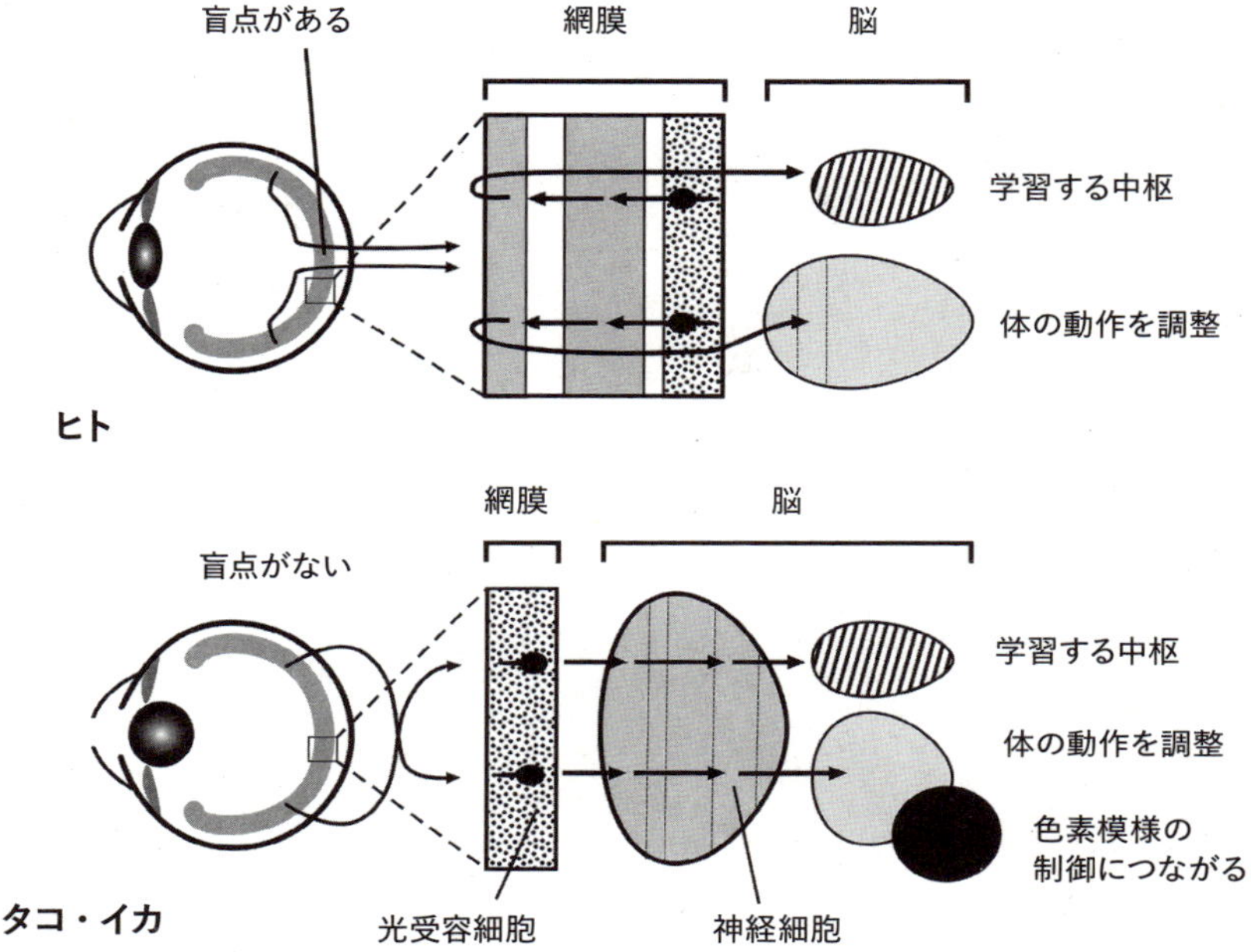

眼から脳へ　タコとヒトの眼から脳へと送る経路の比較。タコでは眼と体の模様を制御する場所へ強く繋がっている。網膜は反転し、脳の構成が大きく異なる。

第二に、タコやイカの眼には盲点がない。ヒトの眼球の奥には脳に向かっていく神経が束になって網膜から出ている箇所があり、そこには網膜がないため、ものが見えない盲点になっている。しかし、タコやイカにそのような束はなく、したがって盲点がない。第三に、タコやイカは基本的に色が見えない。発光するイカを除いて、色を知覚するための細胞や仕組みがないからだ。さらに、頭足類とヒトの眼には似た細胞があるが、そこで使われる遺伝子や分子は比べられないほど異なる。

そして最後に、頭足類では、眼から脳に入った像が、体中の皮膚にある色素を動かす中枢に強く繋がっている。つまり、眼から送られた情報は、体の色の変化に結びついている。

このようにタコやイカの眼は私たち人間や鳥、魚などの眼と大きく異なり、特に体や皮膚と強く結びついている。彼らは、眼・脳・体が一体化して知性全体を作り上げている生き物といえる。

13

脳からわかる知性のあり方

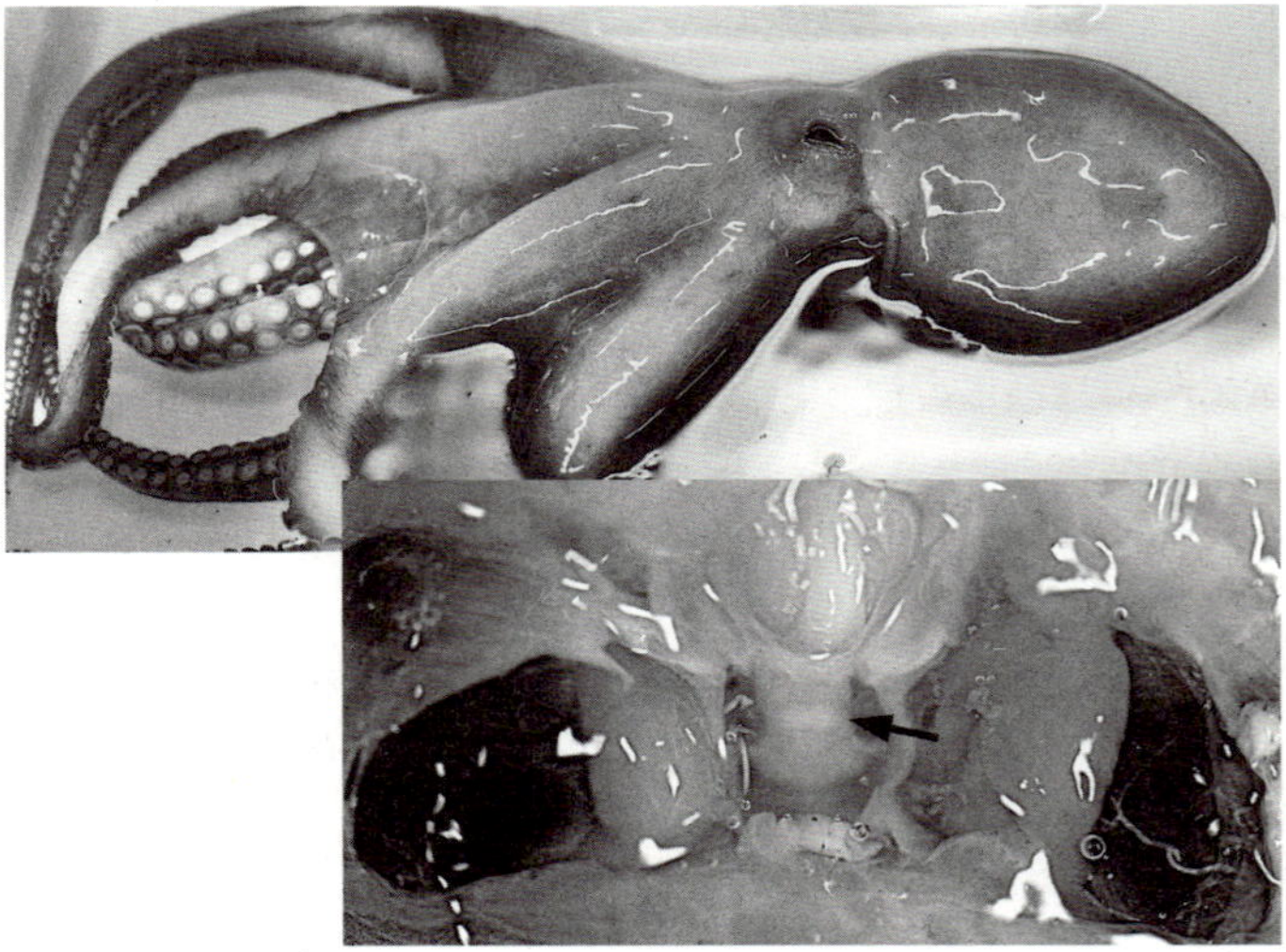

深海のタコの脳　深海に住むチヒロダコとその脳。大きな眼を持つが、脳では視覚よりも触覚に関わる中枢（矢印）が大きく発達している。

知性のあり方は、生き方と環境で大きく変わる。タコは夜行性で海の底に住み、基本的に群れないが、イカは遊泳者で群体を作る種がいる。深海に住むものは視覚より触覚に長けているが、そうではない熱帯の海やサンゴ礁に住む種はまた異なる。

この広い海に住むタコやイカの生き方を知ることは難しい。研究者たちは運良く捕まえられた個体の体や内部を調べることで、どのように生きるのか推測してきた。

特に脳の細胞を調べると、さまざまなタコやイカの知性について知ることができる。海底に住むタコは腕や吸盤の感覚が発達しており、地形を知ることに長けている。高速で遊泳するイカは、体の姿勢を調整する、泳ぐことやバランスに関わる部位が特別に大きくなる。

オウムガイのように深海に住み、貝殻で浮き沈みしているものは、餌となる生物の死骸をゆっくりと

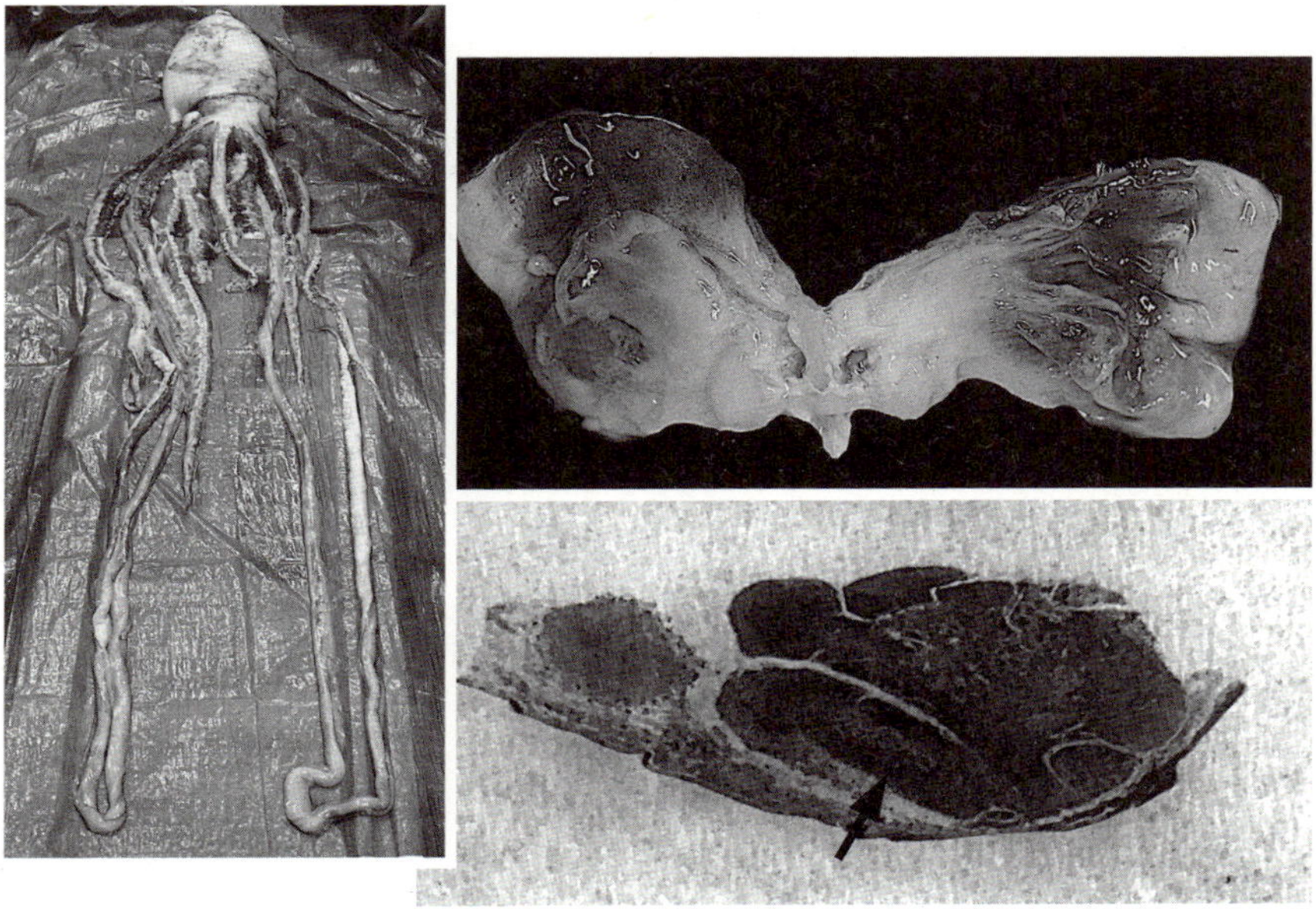

ダイオウイカ

ダイオウイカの全長像および眼と脳（筆者［滋野］撮影）、脳の切片像（スミソニアン国立自然史博物館標本を筆者［滋野］撮影）。矢印で示した、腕や姿勢を制御するための部位が発達している。

腕でからめとって食べるため、匂いの中枢が大きくなる。深海に住むタコたちも同じだ。眼は大きくなるが、その学習を行う箇所は小さい。暗黒の世界では眼で見ることより、触る感覚や匂いの方が大事なのだろう。

　巨大イカであるダイオウイカも深海に住んでいるが、その巨体で何をしているだろうか？　その脳は普通のイカとあまり変わりなく、泳いで腕を振り、眼で凝視しているようである。脳の視覚を扱う部位はとても大きい。長い腕を振るためか、腕や姿勢を制御する部位も発達している。

　ただ、学習や記憶に関わる中枢は小さく、さほど賢くなさそうではある。その後、自然下のダイオウイカの姿と動きが映像で捉えられたが、脳から予想されたように、普通のイカのように餌を捕まえたり腕を振ったりすることがわかった。

14

タコは自分の体をイメージしているか？

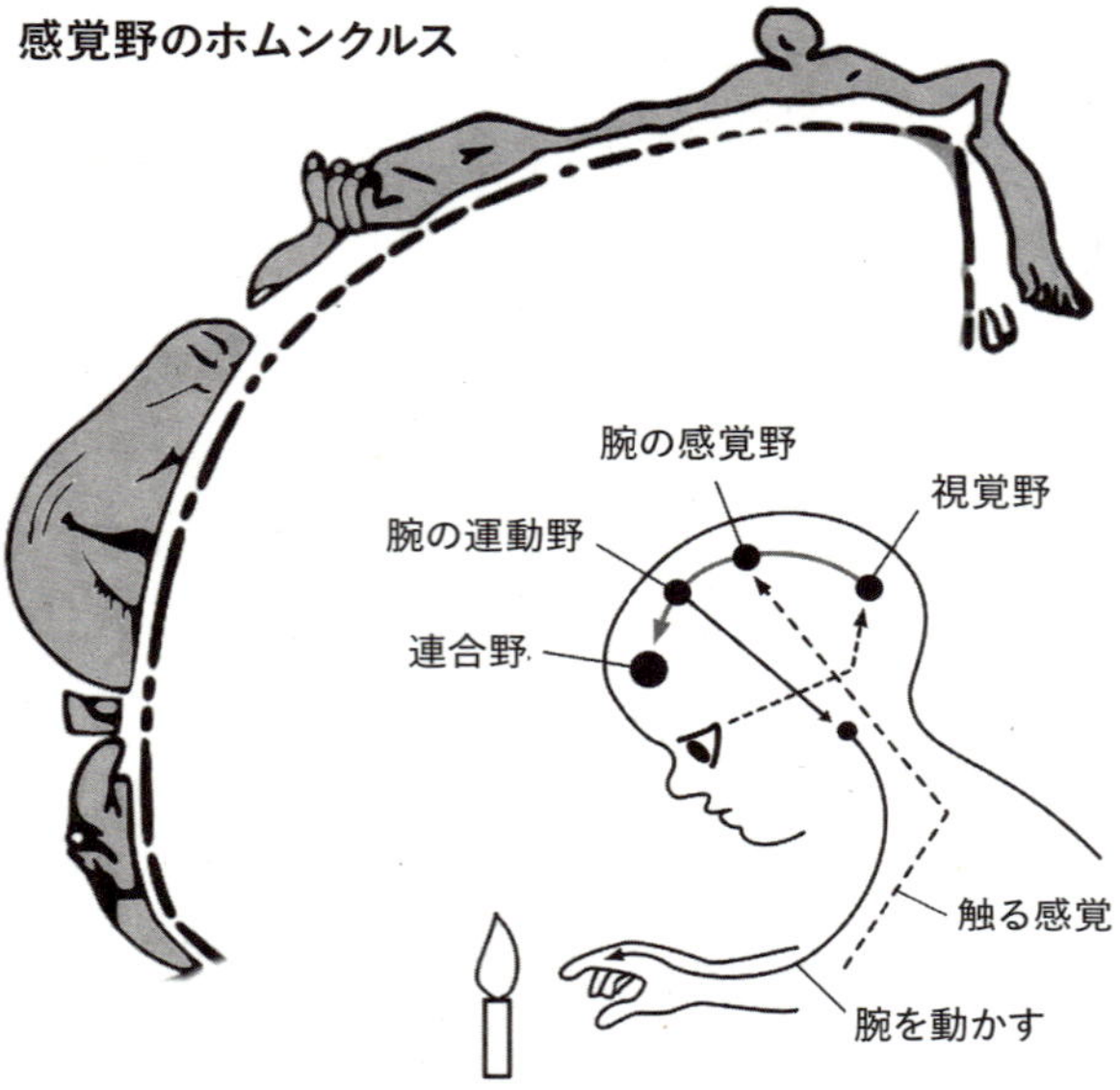

ヒトの大脳皮質のホムンクルス　大脳皮質に、それぞれの部位と対応する体の位置を示したもの（Penfield and Rasmussen 1950を改変, Public domain）。

タコは自分の体を思い浮かべることができるのだろうか？　これはタコが、脳の中に「体の地図」を持っているかどうかと関係してくる。

ヒトの脳内にはこの体の地図が明瞭にあり、脳の中の小人という意味の「ホムンクルス」と呼ばれている。これは大脳と体、それぞれの部位の対応関係をまとめたもので、大脳皮質の各所に電気の刺激を与え、反応する体の部位を観察することで明らかになった。

このような地図はイヌや猫、マウスやラットにもあり、鳥にもあるがカエルや魚でははっきりしない。だがタコやイカはホムンクルスを持ち、ホムンがヒトを意味するため、タコの場合はオクトムンクルスなどと呼ばれる。

オクトムンクルスで特に明瞭なのが腕で、特別に発達している。同じように、視覚に対応する部位も大きく、ヒトやマウスの視覚野のように大きな、視

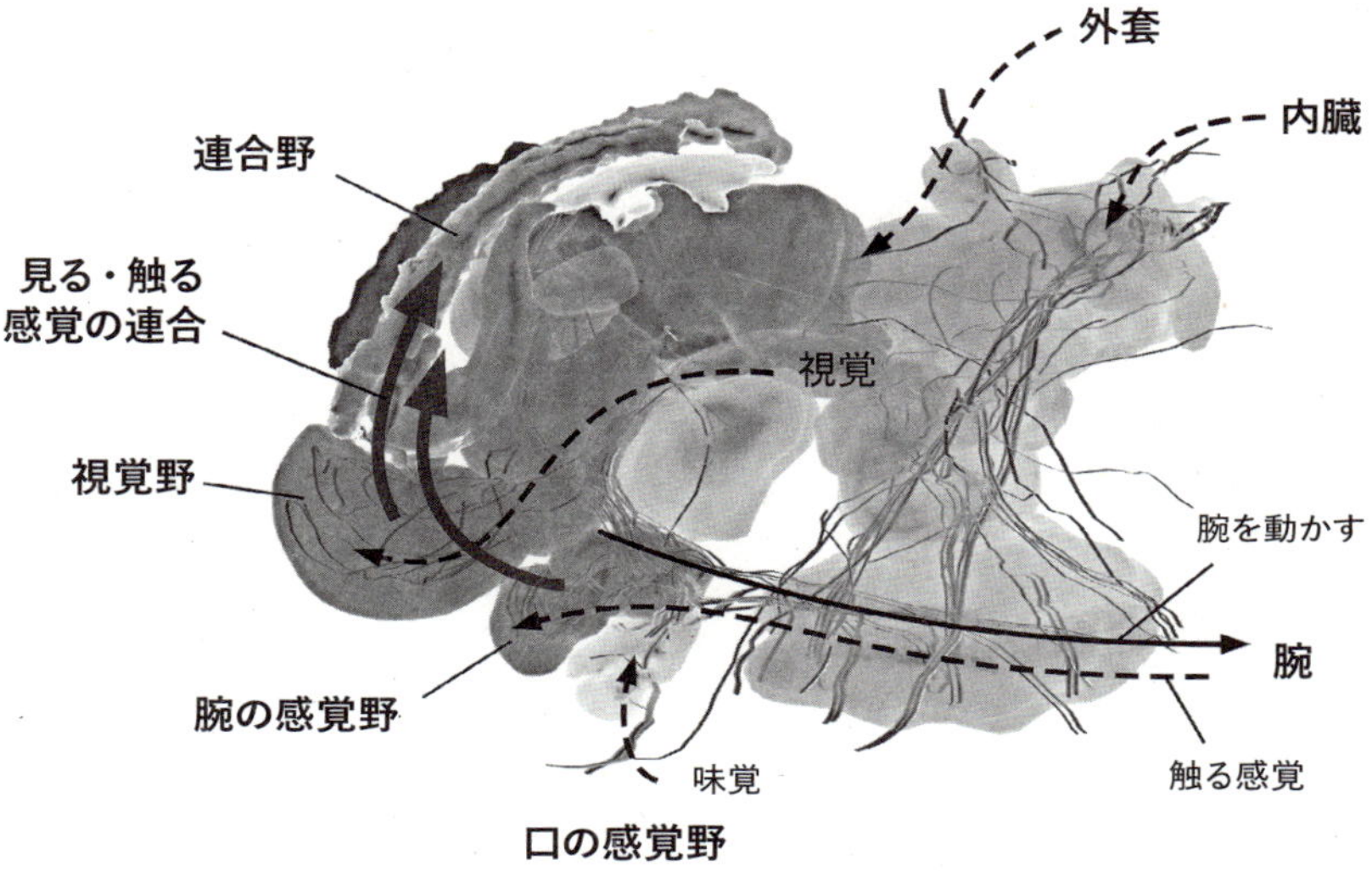

オクトムンクルス　タコの脳内の情報ルート。腕と眼の領域、そしてそれらが連合する領域がとても大きく発達していることに注目。

覚についての領野が広がっている。ちなみにそれはちょうど、腕の隣に配置されている。

だが、タコとヒトとでは大きく異なる点がある。マウスやヒトのホムンクルスでは、感覚のための感覚野と運動のための運動野が明瞭に分かれている。しかし、タコは違う。体の地図は、腕、眼……と部位ごとに並んでおり、感覚野と運動野に分かれているのではない。

とはいえ、タコの脳にも体地図があるのはヒトと同じだ。ヒトでは顔や唇、手や舌がホムンクルスで大きくなっているが、タコではそれが異なるだけである。タコにもし心があり、体の感覚があるならば、腕からの触覚と眼からの視覚ばかり感じ、考えているのかもしれない。

そして、ヒトのホムンクルスでは顔の地図が最も発達しているが、タコやイカで人の顔に相当するのは、体全体である。それは、タコやイカが体全体の色素で感情や心の状態を細かく表現していることと、関係があるかもしれない。

15

タコの「ニーモン」とチューリング機械

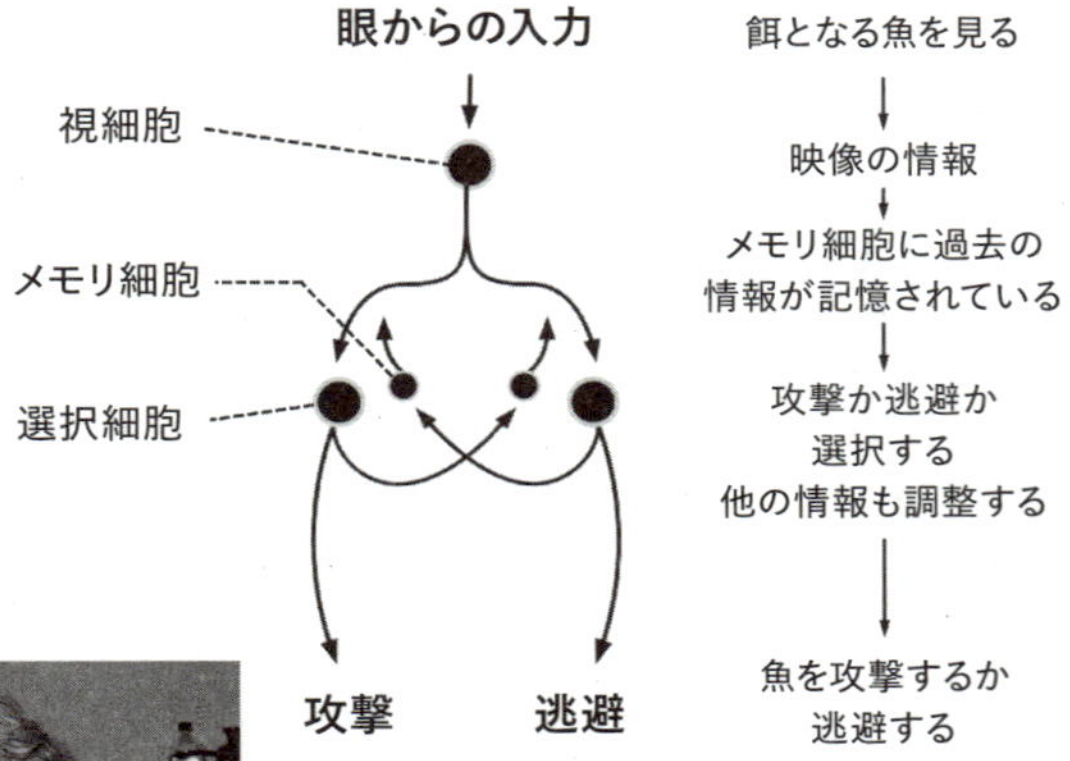

記憶の最小単位であるニーモン

タコから見つかった記憶の素子ニーモン（Boycott and Young 1955を改変）とそれを発見したジョン・ヤング（写真：Welcome Collection, Public domain）。

動物の学習と記憶の最も基本的な回路が、タコやイカの脳から発見されたことは広く知られていない。21世紀で最も影響力のある動物学者として知られるイギリスのジョン・ヤング（1907〜1997）とその仲間たちは、とても大きく発達しているタコの脳が、脳の仕組みを解明するために唯一無二の素材であることに気がついた。

彼らは特に、タコが、精巧な眼による視覚と腕からの触覚による学習力や長時間の記憶力を持つことに注目した。彼らは、タコの脳の大小の領域を外科手術で取り除いて忘却度を測り、影響がある中枢を探し求めた。そして最終的に、ニーモンと呼ばれる1㎣の場が「記憶の最小単位」であり、特異なニューロンとネットワークの構造を持つことを示したのである。

このニーモンは、同時代の数学者そして人工知能の父として知られる、アラン・チューリングの学習機械と似ていることが分かってきた。チューリング

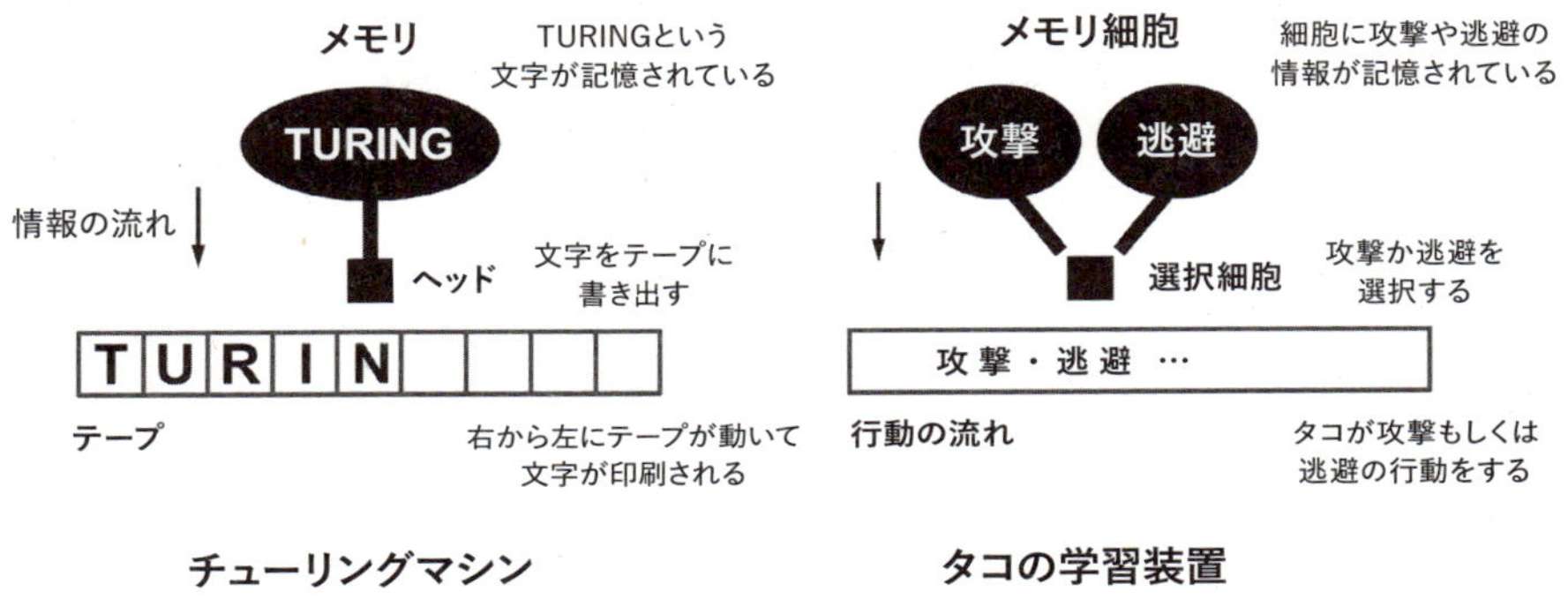

チューリング機械

チューリングマシンは①情報を記憶するメモリ②その情報をテープに書き込むヘッド③出力されるテープから成る。図では、メモリの「TURING」という文字がテープに書き込まれている（Graves et al. 2014を参考）。一方、タコの学習装置も①行動を記憶するメモリ細胞②それらを選択する細胞③出力される行動と、同じ要素から構成されている。

機械は仮想的な計算機として作られ、現代のコンピューターの基本部として働いている。

ニーモンとチューリングの機械には、共通の仕組みがある。ニーモンでは攻撃もしくは逃避などの「するか／しないか」の行動が「出力」される。チューリング機械の方でも1または0が出力される。つまり入力↓選択↓出力という流れがあり、その入力と出力の関係が記憶される。

現在の学習する人工知能はチューリング機械よりニーモンに近い。その技術的基礎になっている深層学習などは、動物の脳などから模倣されたためである。しかし、ニーモンもチューリング機械も共に学習に成功し、記憶して貯蔵し、過去の経験を再び生成できる点では同じである。

ヤングはタコやイカの脳から、そしてチューリングは機械から学習の最小単位にたどり着いた。2人は共に同時代に生き、イギリスのライバル校で学び、米国をはじめとする国外の研究者に多大なる影響を与え、世界を変えていった。

16

ChatGPTによく似たタコの脳

トランスフォーマー

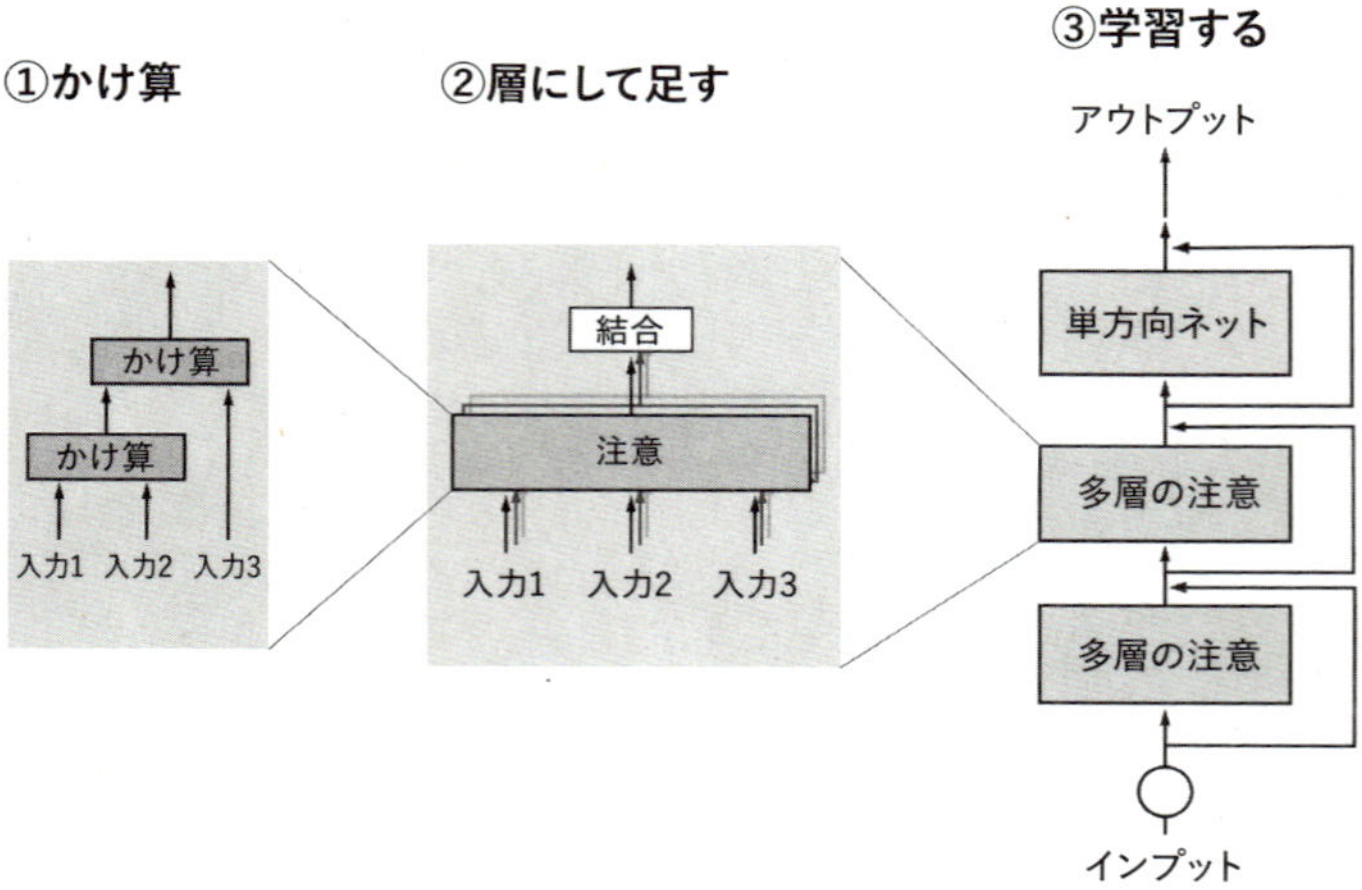

ChatGPTの「トランスフォーマー」

ChatGPTの基本部であるAI、トランスフォーマー（Vaswani et al. 2017）を簡略化して一部のみ示す。注意では入力を入れ子状にかけ算して、層に並べて情報を強調し、そして最後に学習する。

2024年の時点でユーザー23億人を超える人工知能（AI）「ChatGPT」と、タコの脳が似ているといえば驚かれるだろう。だが、もともと人間の脳を模していたAIと生物の脳を比べるのは古くからある発想である。特にタコの脳は人間やマウスよりも配線が規則正しく並んでいるので、むしろ学習を行う人工的な回路とは比べやすい。

ChatGPTの基本部となる「トランスフォーマー」の特徴は、情報を絞り込んで強調する「注意」の機能を持つ点だ。図のように入力にかけ算を使い、多くの層を通すことによって重要な情報に注意を向け、最終的に必要なことを学習する。

トランスフォーマーはこれまでの脳を模した機械的な学習装置とは違った。そのアイデアは「あなたが必要なすべてのことは注意することだ」（『Attention Is All You Need』）というタイトルの論文で出版され、学習や言語の翻訳に成功を収めた。画像や音、そし

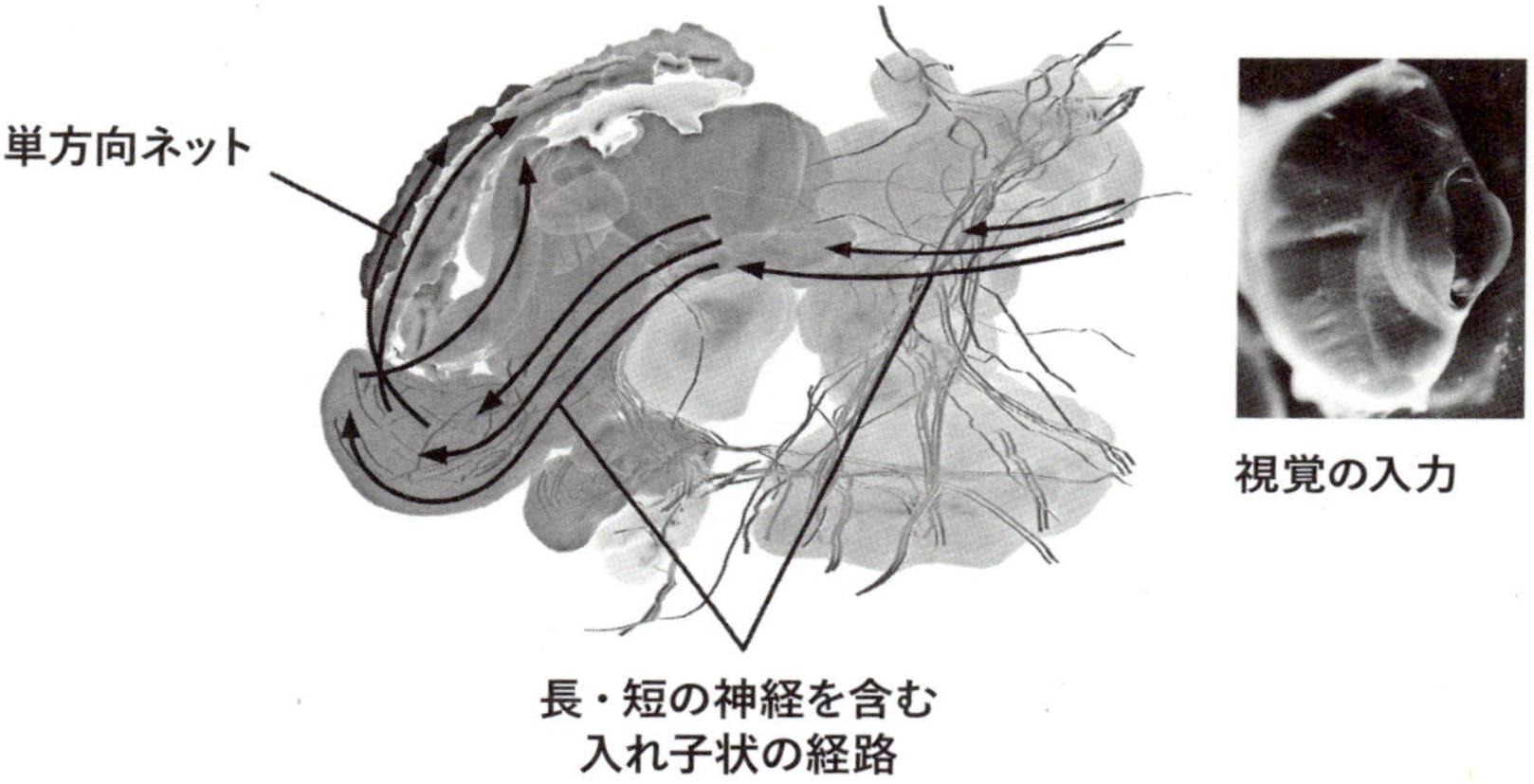

タコの脳に入る情報の流れ

眼からの感覚情報の入力は、特定の信号が強調され、入れ子状にかつ層状に並ぶ。そしてトランスフォーマーに似た単方向ネットを備えた学習の回路を持つ。

て触感の学習にも応用されている。

このトランスフォーマーの構造はタコの脳とよく似ている。共に情報を処理するために信号を強調する仕組みがあり、配線を広く繋ぎ合わせる場所もある。タコもトランスフォーマーも学習の仕組みはよく似ており、共通の構造を持つのだ。

ＣｈａｔＧＰＴはさらに学習の効率を上げたり、過去の莫大な言語データを利用したりしている。一方でタコが人間の言語を処理できるわけではないし、能力的に足りない部分もある。

しかし、このようにＣｈａｔＧＰＴのトランスフォーマーがタコと似た構造を持つことは、生物と機械の知能が同じ原理で働いていることを意味しているのだろうか？

知能の進化という大きな問題を考えるためには、タコのような変わった脳、ヒトや他の動物の脳、そして人工知能を比べて互いの特性を明らかにすることが今後も必要になってくるだろう。

column 02

ヒトの心と頭足類の心

心の進化について知りたい。人間とは違う知能を持った生き物について研究したい。

もしそう思ったなら、タコやイカは最適の研究対象だ。だが、ごく最近まではタコと人間を比べるなど無謀なことだった。

ヒトとタコの知性の進化プロセスは比較できるか？　どの本にも詳しく書かれてはいなかった。興味を誘う言葉が述べられた本はあっても、疑問を投げかけているだけだった。そもそもタコの仲間であるアワビやサザエなどの貝たちからタコやイカはどのように進化したのか？　それすら難しい問題だった。

時代が急速に変わったのは、発生と分子を研究する分野が大きく成長した21世紀はじめからである。発生とは生命の生まれ方のことで、その研究では卵から体がどのように作り上げられるのかを明らかにする。心や知能の進化を知るためには発生、特に脳の作られ方を分子や遺伝子のレベルで詳しく調べることが必要だった。

そこで筆者らはタコやイカの脳や体の発生を事細かく調べ始めた。私が研究を始めた当時はタコやイカの脳の発生についての論文はドイツ語の古典しかなかった。そこから、イカとタコの脳を比べ、近縁の貝たちと比べ、当時研究が進んでいた線虫やハエ、さらに魚や鳥と比べて、ようやくヒトにまでたどり着いた。

だがそこからが一番大変だった。人間の感情、意識、そして哲学についての膨大な研究があったためである。タコとヒトの心や知能を結びつけることは簡単な仕事ではなかった。

今や生成AIや量子コンピューターなどの新しい「知性」が現れつつある時代である。世間の人々の関心は、タコとヒト、そしてAIを比べることに移った。ここ数十年の間に革新的な進歩があり、ChatGPTといったAIは私たちの生活に急速に根付いている。そして、ついに生命と機械の知性、タコとヒトと人工知能を結びつけた上で、心とは何か、意識とは何か、そして人間とは何かといった重大なテーマに取り組める時代が来たのである（滋野修一）。

3章

生命の設計図を書き換える

01

生命の設計図であるゲノム

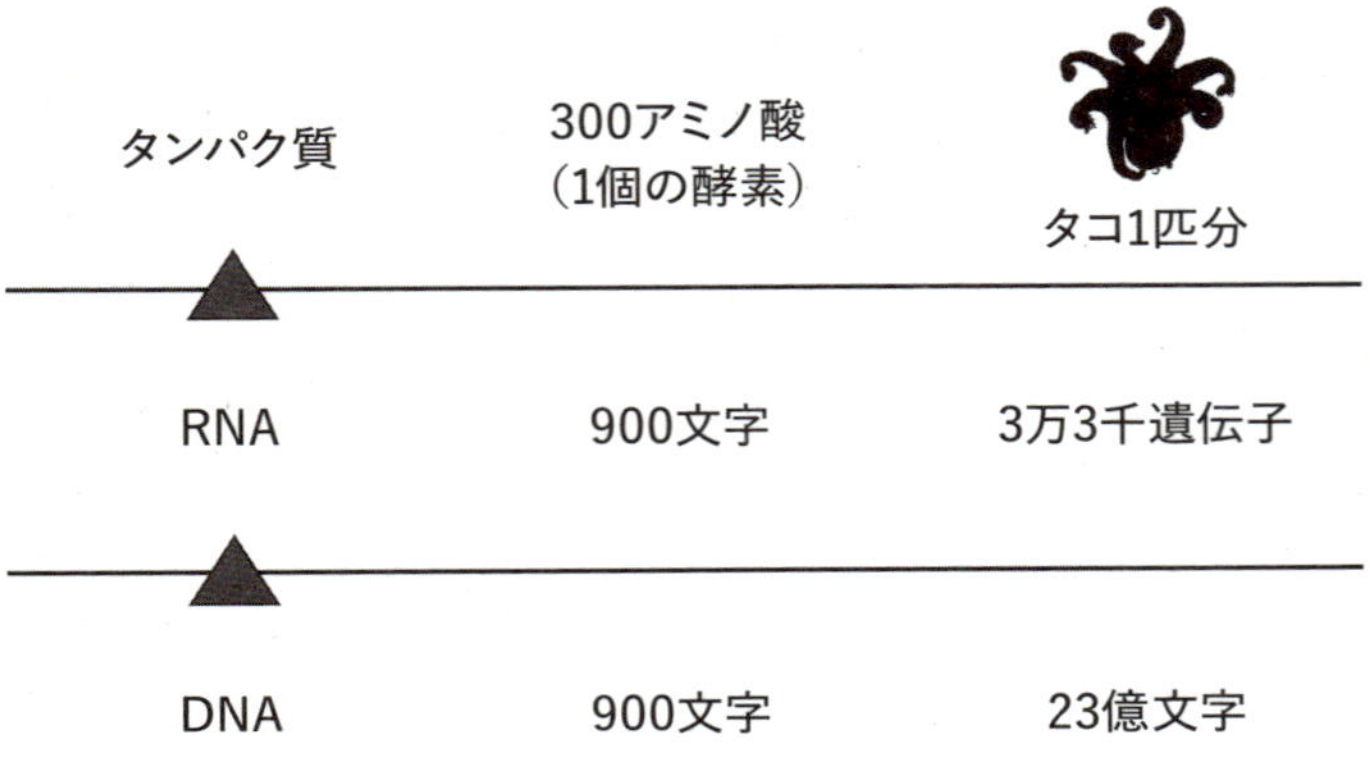

タンパク質	300アミノ酸 （1個の酵素）	タコ1匹分
RNA	900文字	3万3千遺伝子
DNA	900文字	23億文字

ゲノムに暗号化されている情報

ゲノムはDNA（デオキシリボ核酸）という長い鎖のような分子に書き込まれた遺伝暗号である。DNA3文字で1個のアミノ酸を指定し、およそ900文字が1個のタンパク質になる。タコゲノム全体としては3万個以上のタンパク質の情報が書かれている。

ここまで見てきたように、イカやタコと我々人間は全く姿かたちが違う。それは、「生命の設計図」であるゲノムが違うからだ。

ゲノムとは、簡単に書くと、その生命を作り上げている遺伝情報の総体のことだ。あなたのゲノムはあなたの設計図であり、今ごろどこかの海中で餌を探しているタコやイカのゲノムは、彼らの設計図である。そしてあなたがタコやイカではなくヒトなのは、あなたのゲノムにそう書いてあるためだし、たとえばあなたの耳垢が湿っていたり乾いていたりするのも、ゲノムにそう書いてあるからだ。それは「遺伝的に決まっている」ということでもある。

ゲノムは生物の体を構成しているそれぞれの細胞に、ＤＮＡという分子の形で収納されている。細胞はどんどん分裂して数を増やすが、どの細胞にも設計図であるゲノムは必要だから、細胞が分裂するたびにＤＮＡもコピーを作ることになる。

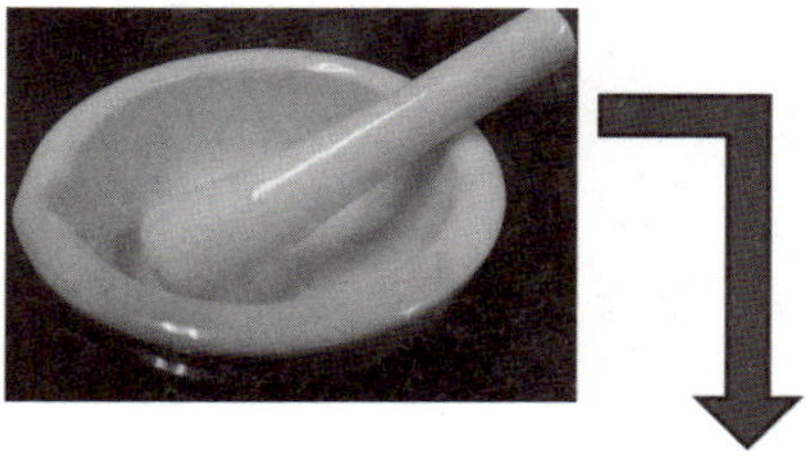
タコの肉を粉砕
←タンパク質分解酵素
←洗剤（細胞膜除去）
←アルコール

DNAの研究方法

細胞の中に格納されているDNAは、すり潰して回収し、実験に使う。上手く回収できれば白い糸状の塊として見えてくる。糸が見えれば実験成功だ。

さて、自動車は設計図に基づいて鉄やアルミニウムで作られるが、タコやイカやヒトなどの生物も、基本的にはタンパク質で作られている。そしてタンパク質は20種類のアミノ酸から構成されているので、ＤＮＡが指定しているのは結局のところアミノ酸の組み合わせになる。

ＤＮＡは「塩基」という物質の集まりで、ヒトの場合、およそ30億個の塩基が鎖状に繋がっている。そしてその30億個の塩基は、だいたい2万５０００個のタンパク質を指定している。ちなみに「遺伝子」とはそれぞれのタンパク質に相当するＤＮＡのことだから、つまりヒトのＤＮＡには約2万５０００個の遺伝子が塩基によって書き込まれている。それがあなたの設計図なのだ。

ヒトに限らず、頭足類を含む多くの生物の遺伝子の数は1万～3万個くらいだ。生命とは、1万～3万個の異なる種類のタンパク質の組み合わせだといってよい。ゲノムには、我々はどこから来たのかが書かれている。生命の設計図といわれる所以である。

02

ゲノム解読にはどういう意味があるのか

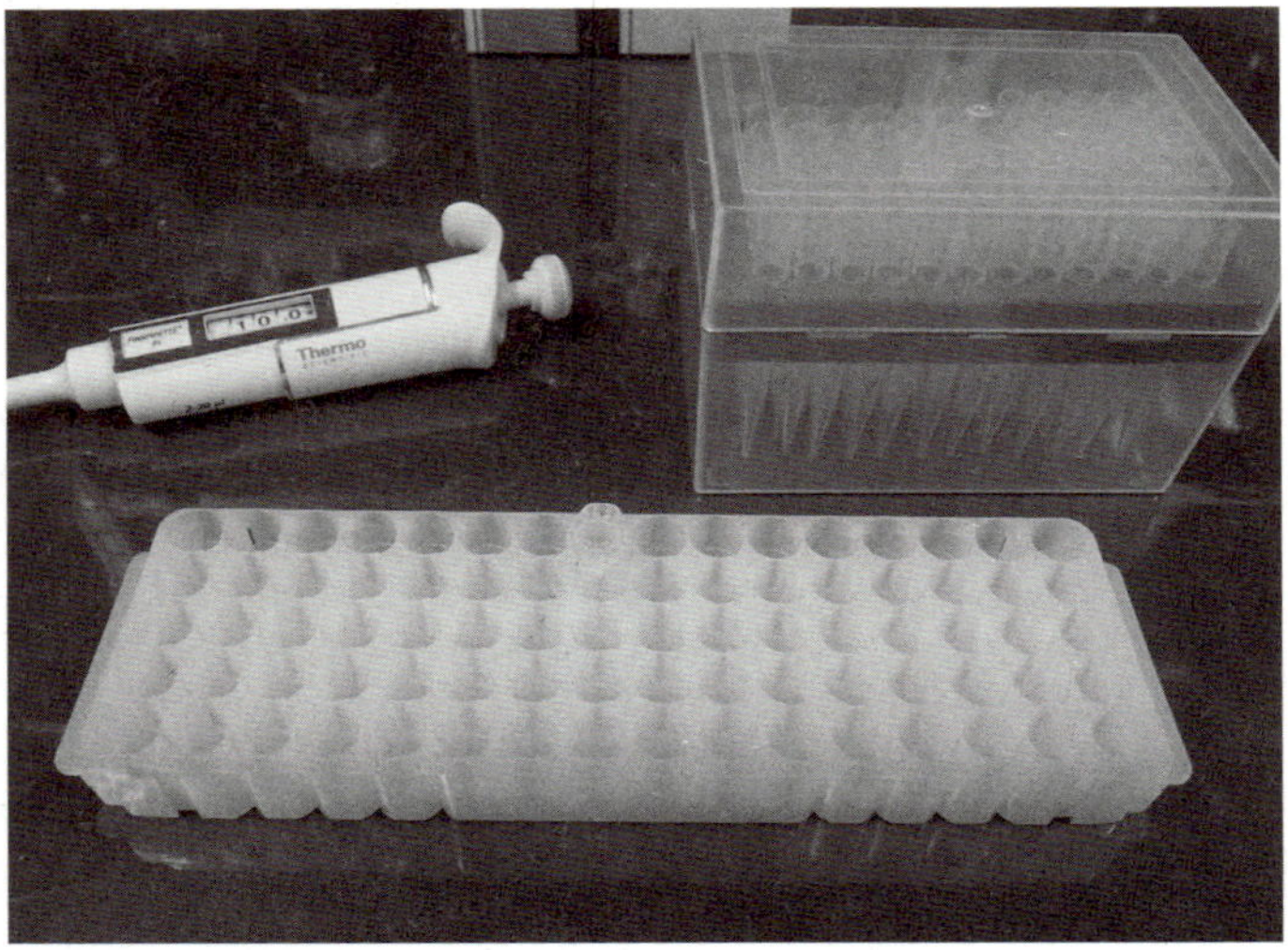

ゲノム研究の3種の神器

ゲノムを研究する実験室に必ずある3つの装備。決まった液量を量るピペット（左奥）、ピペットの先につける使い捨てのチップ（右奥）、そして少量の液体を入れるチューブ（手前）である。

生命の設計図であるゲノムを解読することは、ここ50年の生命科学の最大のテーマだった。ゲノムにはその生物の持っているパーツがほぼすべて書かれているから、たとえば作物を美味しくなるように、あるいは早く育つように改変することも可能になるはずだ。生物を解読し尽くすことは、我々の生命への理解と応用可能性を格段に広げてくれる。

ところで、なぜゲノムの「解読」が必要なのかというと、ゲノムは人間に読んでもらうために作られたわけではなく、化学的には塩基の集まりにすぎないため、それらが具体的にどのようなタンパク質を指定しているのかを読み解く「遺伝子予測」という作業が欠かせないためだ。人類はゲノムを読む方法を完全に手に入れたわけではないが、解読の試みは進歩しながらずっと続いている。

特に1980年代に解読のプロセスを自動化する「自動シーケンサー」が導入されると、生物の設計図

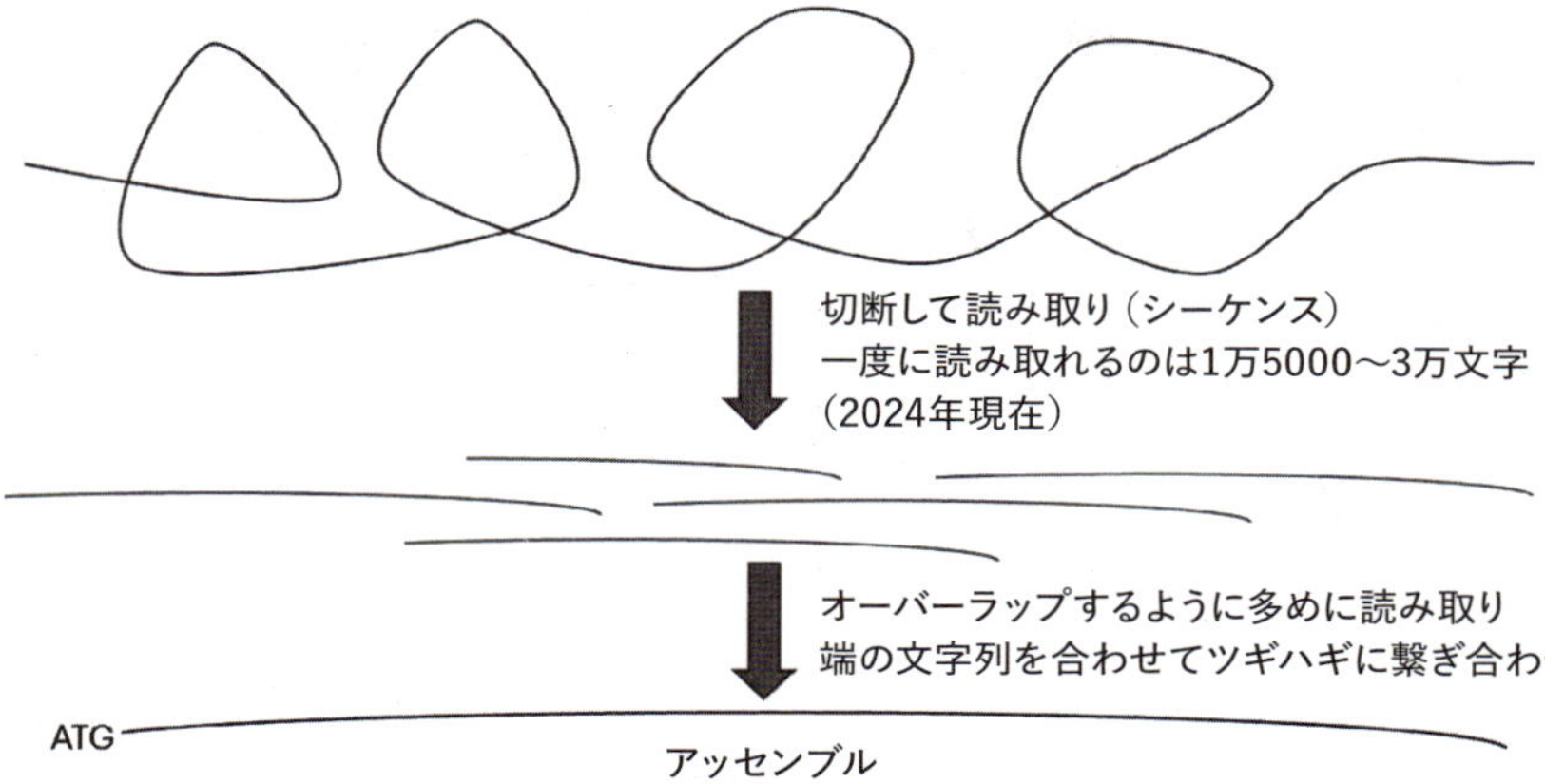

ゲノムを読んで「繋げる」

DNAはかなり長い糸であり、最先端の機械でも端から端まで読みきれない。そこで、一回に数万文字ずつ読み取り、その情報をコンピューター上で繋ぎ合わせる「アッセンブル」という手法が必要になる。タコでもヒトでも同じ手法でコンピューターが解読する。

であるゲノムをすべて解き明かしてしまおうという動きが現れる。途中、研究者の悲喜こもごもや紆余曲折はあったものの、２００３年にはヒトゲノム解読が完了した。

では、本書の主役であるタコやイカのゲノムはどうかというと、２０２４年末時点で、一通り読み終わったところである。そこにはタコやイカの体を作るためのすべての遺伝子情報が暗号化されて書き込まれている。

タコのおよそ3万個の遺伝子が対応しているタンパク質には多くの種類があるが、実用的なところでは、色素を作る遺伝子を見つけて破壊（ノックアウト）し、実験用に透明なアルビノイカが作られるまでになっている。アルビノイカは完全に透明なので、体内を透視できる。

さらに、タコの脳のタンパク質の情報を使うと、タコの脳がどのように働いているのかを読み解くこともできる。たとえば、先の章で登場したドラッグのＭＤＭＡがタコに影響するのは、ヒトと同じくＭＤＭＡのレセプター遺伝子があるからだ。

03

タコの知性に目をつけたノーベル賞受賞者

種名	解読日	ゲノムサイズ	主な研究用途
カリフォルニアイイダコ	2015年8月（2022年にver2）	2.3Gb	胚発生 RNA編集
マダコ（地中海産）	2018年12月	1.8Gb	脳研究
ハワイミミイカ	2019年4月	5.3Gb	共生細菌
マダコ（東アジア産）	2019年6月	2.7Gb	水産・養殖
ダイオウイカ	2019年6月	2.7Gb	巨大化 深海適応
オウムガイ	2021年5月	0.73Gb	進化 タコイカとの比較
カリフォルニアヤリイカ	2022年5月	4.6Gb	RNA編集 ゲノム編集
アオイガイ	2022年10月	1.1Gb	貝殻進化

49 種が解読済み（2024 年 12 月現在）

頭足類ゲノムの解読状況　タコとイカの代表的なゲノムが解読され、その種数は年々増えている。2015年のカリフォルニアイイダコを皮切りに、米国、中国、イギリス、日本の研究者が解読した情報を公開している。

ゲノム解読には現在でも大きな労力がかかるので、ライバルに先を越されたり、期待したレベルに達せずお蔵入りになったりと、関わる研究者たちの人間ドラマは映画に負けず劣らずドラマティックである。

タコゲノムの解読そのものは２０１６年に終わっていて、今は解析中である。そしてタコゲノムを解読した国は日本だった。

現在、世界の頭足類研究をリードする組織は二つある。歴史ある米国・ウッズホール海洋研究所と、日本の沖縄科学技術大学院大学（ＯＩＳＴ）である。

ＯＩＳＴは研究者の間ではとても有名だ。この施設は２００５年にノーベル生理学賞受賞者のシドニー・ブレナーを理事長として設置され、２０１１年からは学生を募集し大学院大学になった。大学としては新顔であるが、運営費を内閣府が負担する独特の機関で、ブレナーを中心に世界中から研究者を招

沖縄科学技術大学院大学（OIST）の威容

2015年のカリフォルニアイイダコゲノム解読の知らせは、沖縄本島の北部・恩納村にある沖縄科学技術大学院大学（OIST）から発信された。ここは今、世界のタコ・イカ研究をリードする一大海洋研究拠点になっている。（撮影・提供：沖縄科学技術大学院大学）

いたのが功を奏し、タコゲノム解析などの世界的な研究成果をたくさん出している。

ブレナーは、細胞が1000個前後しかない線虫の研究でキャリアを築いたのだが、ＯＩＳＴでは逆に「脳の複雑性」に眼をつけた。２０００年代以前の生物学は、一個一個の遺伝子やタンパク質が何をしているか逐一調べてきた。脳のような大きな臓器を丸ごと扱うのはむしろ避けられてきたのだが、研究の進展とともに生命を作るパーツはだいたい種類がわかってきて、脳科学などの複雑系を扱う分野が発展してきた。

そこで「今こそ、大きな脳に宿る知性を研究するときだ！」とブレナーが思ったかはわからないが、白羽の矢が立ったのがタコだった。いうまでもなく、脳の設計図もゲノムに書いてある。だからタコの知性を解くカギはゲノムにあると考えてよいだろう。こうして、ブレナーを含むＯＩＳＴと、シカゴ大学を中心とした研究チームによって、初のタコゲノムが解読されたのだった。

04

ゲノムサイズの謎

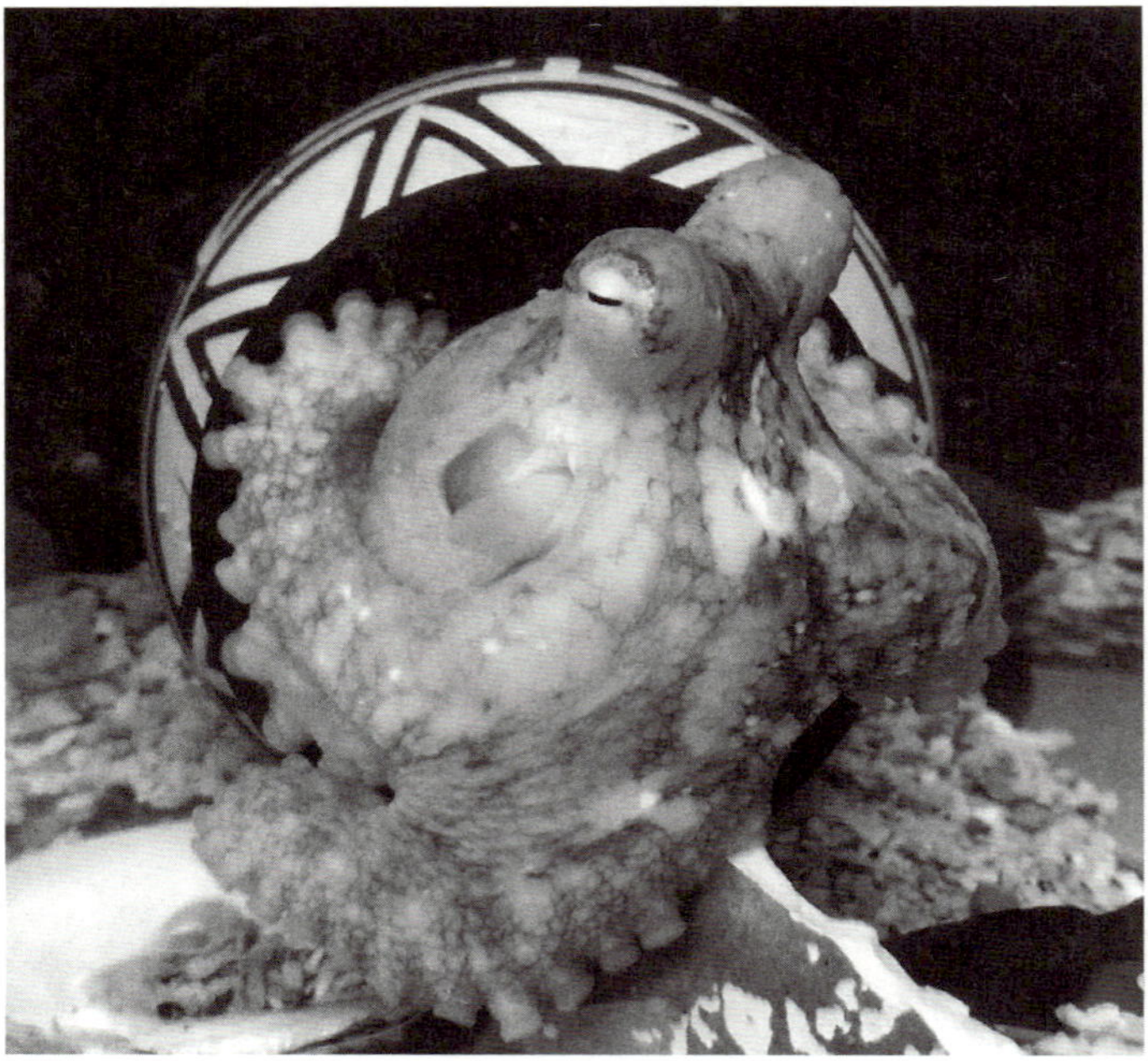

カリフォルニアイイダコ　頭足類としては最初にゲノムが解読され、そのデータ量の大きさが注目された。

頭足類で最初にゲノムが解読されたのは、カリフォルニア・ツースポット・オクトパス（*Octopus bimaculoides*）とも呼ばれるカリフォルニアイイダコである。腕のつけ根に二つのスポット（眼状紋）がある、名前通り米国のカリフォルニアに住むイイダコである。

解読されたタコのゲノムにどんな特徴があるかというと、「データ量が大きい」ことだった。タコのゲノムサイズは2・3Gb（23億文字）で、他の頭足類も2Gb〜5Gb（20億〜50億文字）のサイズである。ヒトゲノムが3Gbで昆虫が400〜700Mb、特にショウジョウバエが小さめで400Mbであることを考えると、タコのゲノムのデータサイズはどちらかというヒトに近いことがわかる。さらに、他の貝類は1Gb前後で、オウムガイが700Mb程度なので、貝からイカ・タコへの進化の過程でゲノムサイズが3〜6倍に巨大化したことになる。

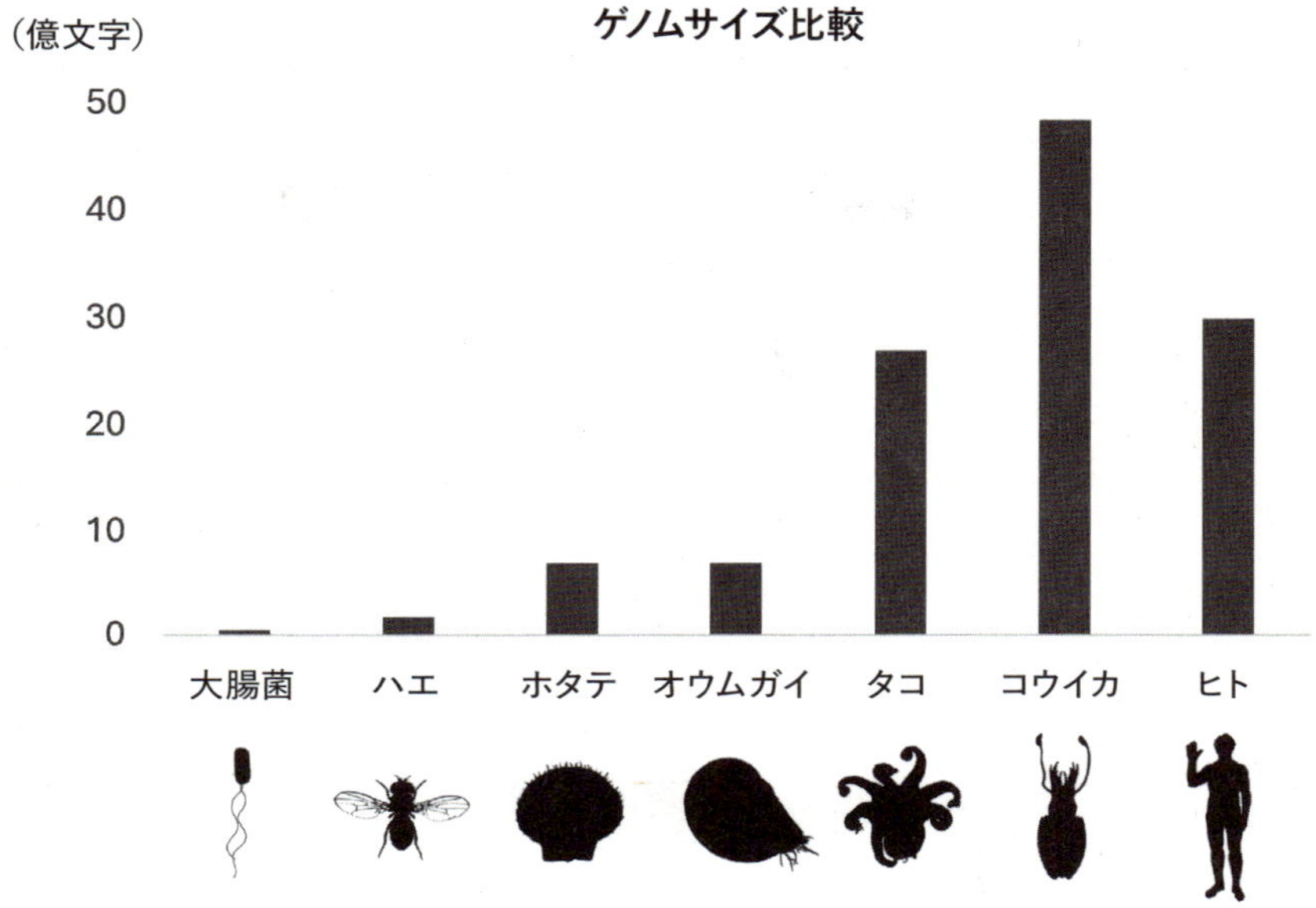

さまざまな生物のゲノムサイズ

一見、生物として複雑になるほどゲノムのサイズも大きくなるように見えるが、必ずしもそうではない。ゲノムサイズには謎が多く残されている。

直観的には、ゲノムのサイズは体が複雑な生物ほど大きくなるように見えるが、実はそうではない。動物の中ではサンショウウオや肺魚の仲間が、ヒトの100倍にもなる超巨大なゲノムを持っているが、彼らの体がヒトの100倍複雑なわけではない。これは研究者の間でも謎とされている。

サンショウウオのゲノムのサイズが極端に大きいのは自分のコピーを増やす「転移因子」が大量にあるからだが、それらは遺伝子としての機能を持たない、いわゆるジャンク（ガラクタ）DNAである。つまりサンショウウオのゲノムはジャンクによって巨大になってしまっているのだが、なぜこんな状態なのか、理由はまだよくわかっていない。

実は、タコやヒトのゲノムでも約45%はジャンクDNAである。それらはゲノム中でコピー&ペーストを繰り返して増えてきたのだが、やはりその意味はまだ解明されていない。

05

タコの知性の秘密をゲノムから探る

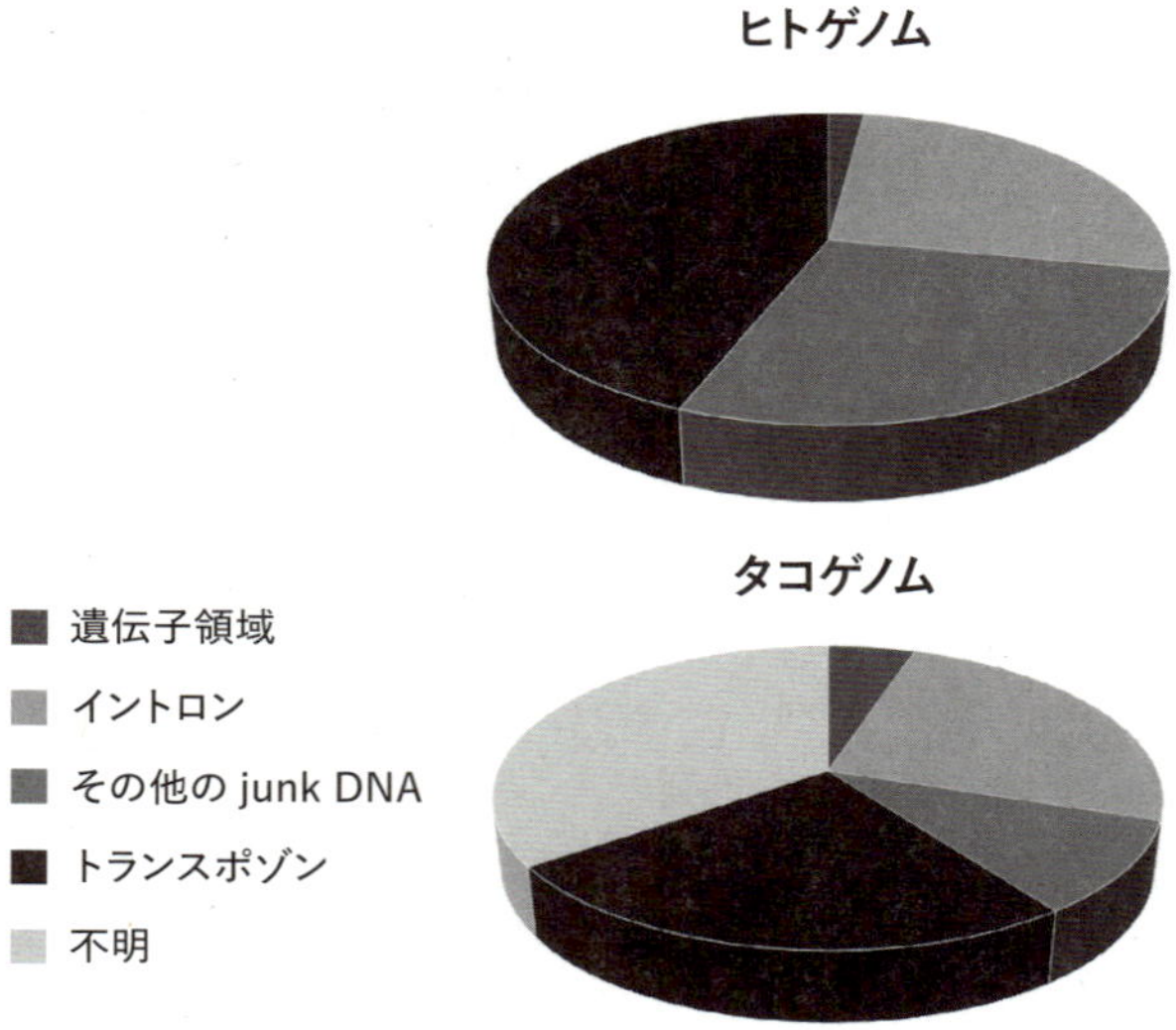

タコのゲノムの中身

タコゲノムやヒトゲノムから遺伝子の情報を読み取ると、タンパク質になる重要な部分は両者とも少なく2%程度しかない。他の部分はジャンクDNAという、生命活動には必須でないと考えられている部分である。この割合はヒトとタコで比較的似ている。（de Fonseca et al.［2020］、Pena［2021］を元に改変）

解読されたタコゲノムの中身から何が読み取れるだろうか？　まず注目されたのは、他の動物との違いである。脳の複雑さの違いに応じて、ゲノムにも明らかな違いがあるかどうかを読み取っていく。

現在は、タコの祖先にあたるオウムガイや、さらにその祖先筋であるホタテガイなどのゲノムも解読されている。その脳には明らかにタコのような複雑さはなく、タコほど知的にも見えないため、もしタコ―オウムガイ―ホタテガイ間で遺伝子に違いが見えてくれば、それはタコの知性に関係があると類推できる。

こうして、タコの知性をゲノムから探る研究が始まった。研究者が調べたり測定するのはゲノム中にある遺伝子の数や種類である。それらは、脳や心臓の中で働いているパーツの種類を反映している。

タコのゲノムを解読したところ、およそ2・3

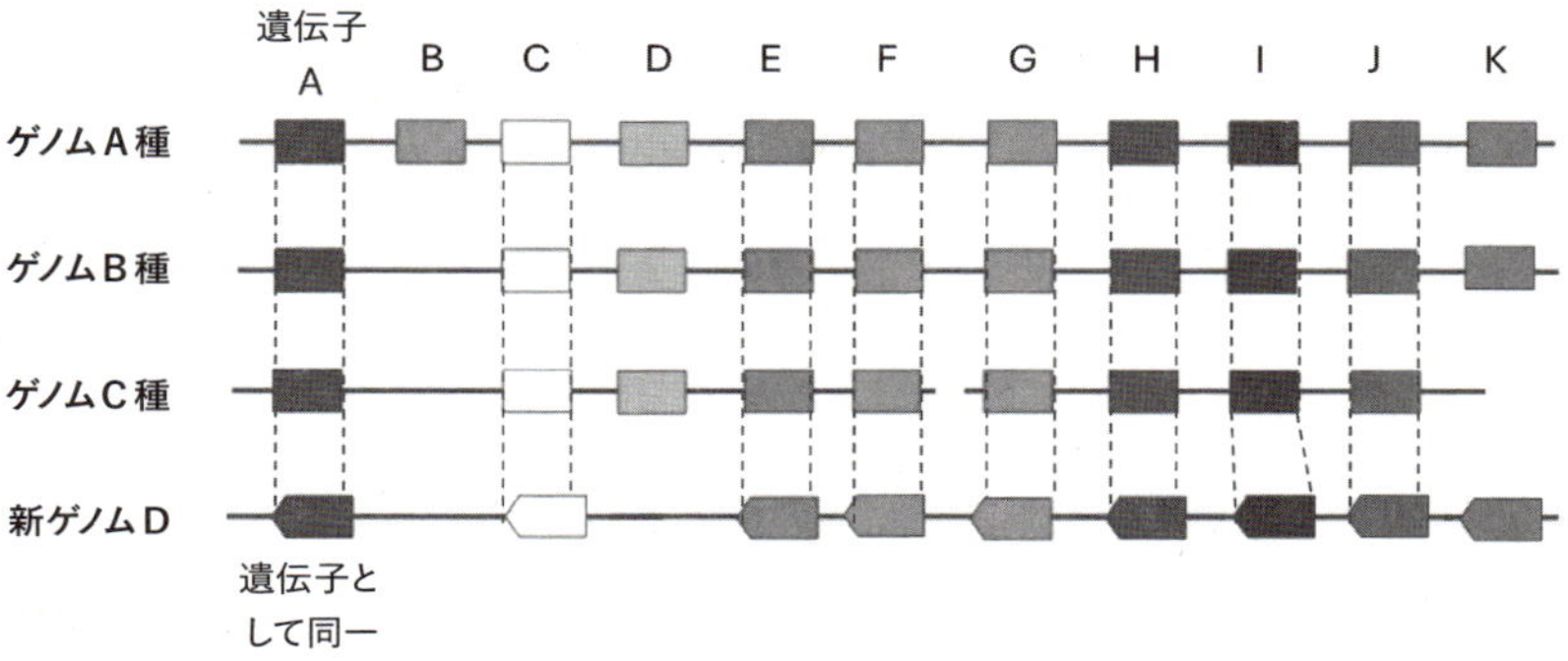

ゲノムを比較する方法

ゲノム中の遺伝子が同じかどうか判別するのは難しい作業である。ゲノム情報がたくさんあれば、同じ並び順で存在している遺伝子は、同じものだと見分けることができる。こういった比較をたくさん行って、ゲノムを解読していく（Yoshida et al.［2022］を基に改変）。

Gb（23億文字）の中に3万3638種類の遺伝子が並んでいることがわかった。遺伝子の数としてはヒトより少し多いが、動物としては極端に多いともいえず、常識的である。

そんなタコの遺伝子をオウムガイやホタテガイと比べてみたところ、数はほとんど一緒だった。つまり、遺伝子の数ではタコの知性の不思議さは説明できない。

だがタコのゲノムをもう少し詳しく見ていくと、「ジンクフィンガー」と呼ばれる遺伝子（特にC2H2タイプ）と「プロトカドヘリン遺伝子」が、明確に貝より数が多いことがわかった。ジンクフィンガー遺伝子はヒトが764遺伝子を持つのに対して、タコは1790遺伝子、プロトカドヘリン遺伝子はヒトが58に対して、タコが168も持っている。

研究者たちが注目したのは、このうちのプロトカドヘリンである。これは、ヒトの脳神経でも大量に使われる遺伝子だからだ。タコの知性の秘密と関係があるかもしれない。

06

複雑な脳を作るプロトカドヘリン

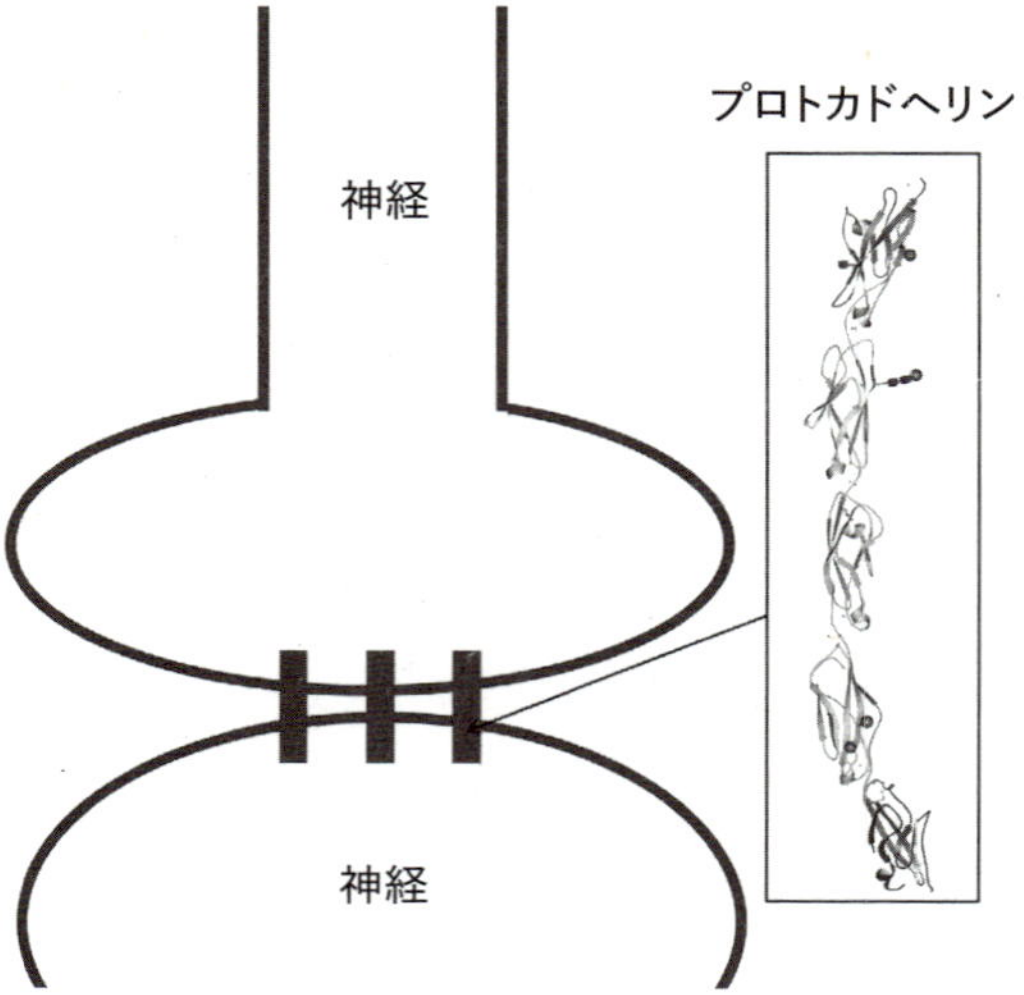

脳の中でのプロトカドヘリンの役割

プロトカドヘリンは脳の中で異なる神経回路を繋ぐ役割を果たしている。この遺伝子がたくさんあれば、より複雑な配線が簡単に作れる。Protocadherin遺伝子の立体構造は日本蛋白質構造データバンクより参照(licensed under CC 表示 4.0 国際, PDBID:5SZN)

タコゲノムには頭のよさに直結しそうなプロトカドヘリンという遺伝子が特に多い。この遺伝子が多いということは、かなりはっきりした意味を持つ。

プロトカドヘリンは脳などの神経細胞(ニューロン)の表面で細胞を繋ぐ「接着剤」の役目を果たしている。ただし、プロトカドヘリンには種類があり、同一のもの同士は引き合うが、異なるもの同士だと反発する性質がある(遺伝子に磁石のような特性があるのが非常に面白い)。

そのようなプロトカドヘリンが多いことは、脳がそれだけ複雑な接続を作れることを意味している。さらに、プロトカドヘリンは脳の複雑な情報の流れを整理する役割を持っていることもわかってきた。

プロトカドヘリンの数を減らすと脳の回路がおかしくなることは、マウスを使った「ヒゲバレル」という変わった名前の実験で知られている。ネズミの

ゲノム中の遺伝子	カルフォルニアイイダコ	カサガイ	ゴカイ	ショウジョウバエ	ヒト
プロトカドヘリン	**168**	17	25	4	71

Albertin et al. 2015 を参照

生物ごとのプロトカドヘリンの量の違い

ゲノム中の遺伝子の数は、動物ごとに異なっている。タコゲノム中ではプロトカドヘリン遺伝子が極端に多いことが見て取れる（Albertin et al.2015を参照）。

脳内には顔のヒゲ分布パターンと一致する領域があり、ヒゲから入ってくる体外からの情報がそのまま脳に投射されている。プロトカドヘリンはこのヒゲと脳の間の接続に関与しており、プロトカドヘリンを壊すとヒゲの情報は脳に届かなくなる。

哺乳類では、プロトカドヘリンは、脳で体情報をマッピングするのに関係しているらしい。タコやイカの脳のどの部分でプロトカドヘリン遺伝子が働いているかは、今後の研究を待つ必要がある。

プロトカドヘリンのように、数が多いことでメリットが多い遺伝子は他にもある。たとえば、獲得免疫の遺伝子が豊富なほど、有害な細菌などから体を守る抗体の種類が豊富になるし、複雑な嗅覚を持つためには、たくさんの種類のセンサーの嗅覚受容体遺伝子が必要だ。嗅覚センサーの遺伝子を400個しか持たないヒトより、2000個持っている象の方が圧倒的に鼻がいい。

07

タコはエイリアンなのか問題

ゲノム研究の方法　ゲノム研究は生物学の一分野ではあるが、コンピューター の前に座っている時間が極端に長いのが特徴だ。ほとんどIT研究者と変わらない。写真は筆者（吉田）。

タコゲノム解読発表後、ネット上でひと騒動が巻き起こった。なんとタコは地球外から来たエイリアンだというのだ。がーん。

いやいや、そんなはずはない、だって、ちゃんとゲノムを解読できたではないか。それはタコが地球上の他の生物と同じＤＮＡを持つ、紛れもない証拠である。おそらく、ＯＩＳＴが行ったプレスリリースが「エイリアンのゲノムを解読」というタイトルだったことによる誤解である。

論文を発表した著者らは、近縁の動物ながら地球上の他のすべての動物とは全く違って見える、という意味でエイリアン（異邦人）という言葉を使ったと思われる。たしかにタコはヒトとは異なる知能のあり方を教えてくれる「親愛なる隣人」ではある。

しかしながら、このエイリアンという言葉がＳＦファンには全く違った意味を持った。プレスリリースの表題だけを見て、沖縄にいる研究者がタコが異

ゲノム研究の発表　頭足類国際諮問委員会、通称CIACでの発表の様子（2012年ブラジル・フロリアーノポリス）。他の国の研究者と情報交換し、世界の進捗状況を知るのも研究者の重要な役割である。

星からきた生物であることを発表した！　という誤った解釈が一時期世間を席巻してしまった。このＳＮＳ時代、プレスリリースのタイトルには気をつけようと思ったものである。

当の論文を読むと、タコは地球にいる他の海産動物と基本的には同じゲノムを持っていて、そこからタコ特有の変化が起こっているとはっきり書かれている。したがって、ここで改めて宣言するが、タコは宇宙からは来ていない。

この論文が華やかに発表されたころ、筆者（吉田）は同じようにイカゲノム研究に邁進していた。ゲノムサイズが小さいヒメイカを用いた比較ゲノム分析から、タコ同様にプロトカドヘリン遺伝子が増えていることには気がついていたが、これについては見事に先を越されてしまった。悔しいが仕方がない。

先を越された悔しい気持ちはカイダコの研究で晴らしたので、今では若いころの思い出である。さらに、プロトカドヘリン遺伝子が脳の中で何をしているのかは、まだタコ・イカ学に難問として残されている課題である。

08

頭足類の複雑な眼はどう進化したか？

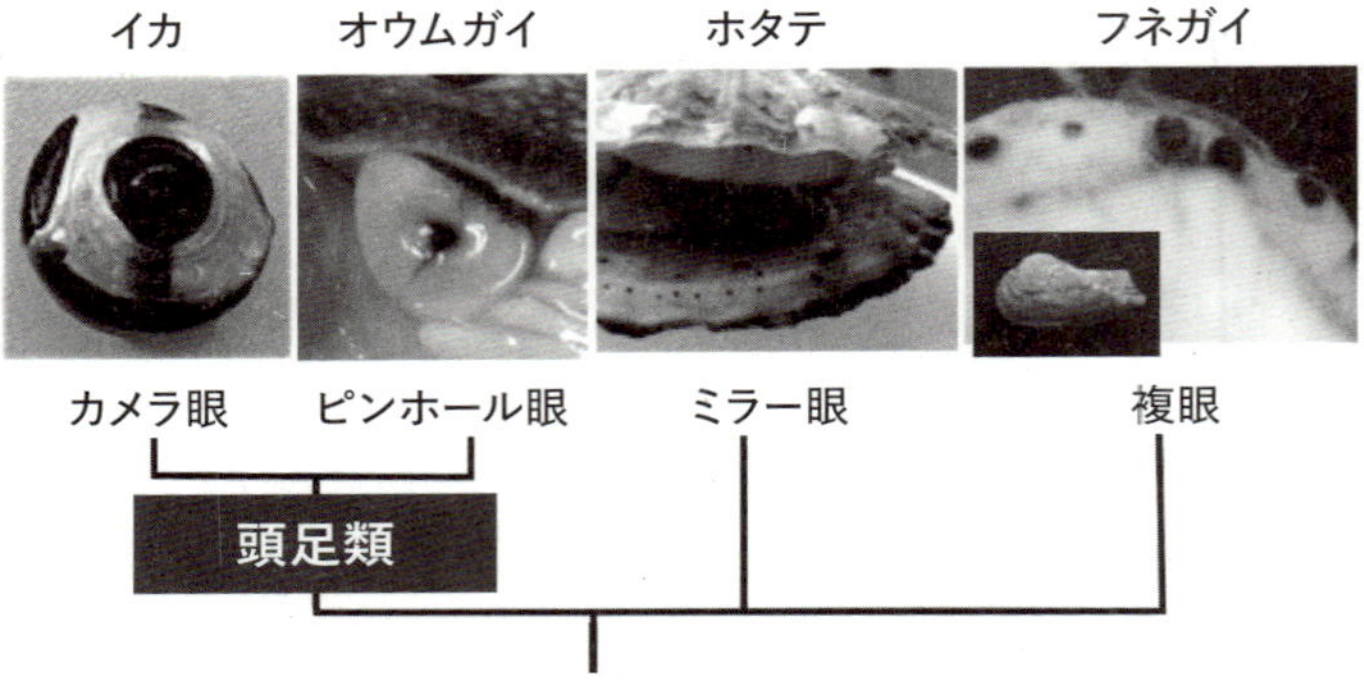

眼の進化史　貝類にはいろいろな形の眼が生まれている。中でもタコ・イカの眼は最も発達しており、レンズを動かしてピントを調節可能なカメラ眼を持っている。

頭足類の多くは精巧な「カメラ眼」を持つ。カメラ眼とは、レンズとフィルムにあたる網膜部分を持つ精巧な眼である。ヒトを含む哺乳類の眼もカメラ眼だが、頭足類の眼とは少し違う仕組みになっている。たとえば、頭足類の眼はレンズが前後に可動してピントを調節するが、ヒトの眼はレンズ自体をぐいっと引っ張って厚みを変える。むしろ我々の方が無理やりな仕組みだといえなくもない。

眼の進化は、古今東西の生物学者を引きつけてやまない重大なテーマである。ダーウィンも、カメラのような複雑な眼を一挙に作るような進化は「このうえなく不条理のことに思われる」と頭を悩ませているが、カメラ眼に至るまでの段階的な眼があることで説明がつくのではと書き記している。

頭足類の眼の原型を探るためには、その祖先であるオウムガイ類を調べるのがよい。彼らは水晶体と角膜を持たない「ピンホール眼」を持つ。カメラ眼

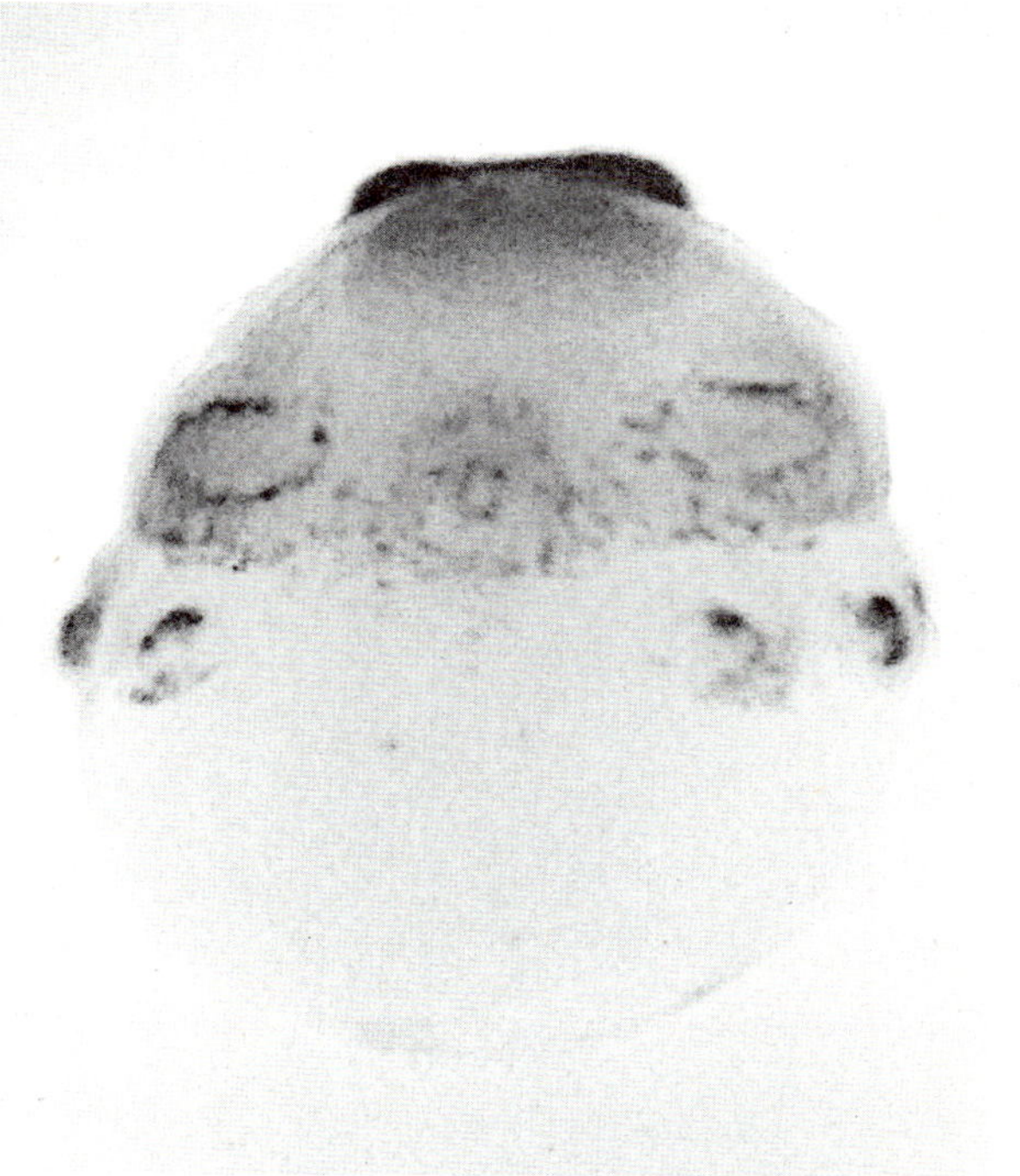

眼の遺伝子の研究方法

眼を作られる過程を研究するには、卵の中での様子を観察することが非常に重要である。ここでは眼の形成に関わる遺伝子がある場所を、紫色の色素に置き換えて見えるようにするインシチュハイブリダイゼーションという手法を使った。

のレンズ部分を欠いた状態である。そこから、頭足類のカメラ眼への進化を説明するには、二つのシナリオが考えられる。

第一に、頭足類の祖先はかつてカメラ眼を獲得したが、その後の進化の過程でオウムガイがレンズと角膜を失ったというシナリオ。このシナリオではレンズの喪失がピンホール眼進化の原因かもしれない。

第二に、頭足類の祖先がピンホール眼を獲得し、その後、頭足類がそこに水晶体と角膜を追加してカメラ眼になったシナリオである。古生物学的な証拠によれば、アンモナイトのような頭足類の祖先の眼は水晶体を持たなかったという報告もある。

著者（吉田）らは、オウムガイとヒメイカの発達中の眼を使った遺伝子解析を行った。眼球発生制御遺伝子のほとんどは両種で発現していたが、脊椎動物のレンズ形成に必要なsix3という超有名遺伝子がオウムガイだけで発現していなかった。つまり、今回のデータは、six3経路の調節不全によってオウムガイでレンズが退化してピンホール眼進化に繋がったという、第一のシナリオを支持している。

09

タコの世界ではオスが基本

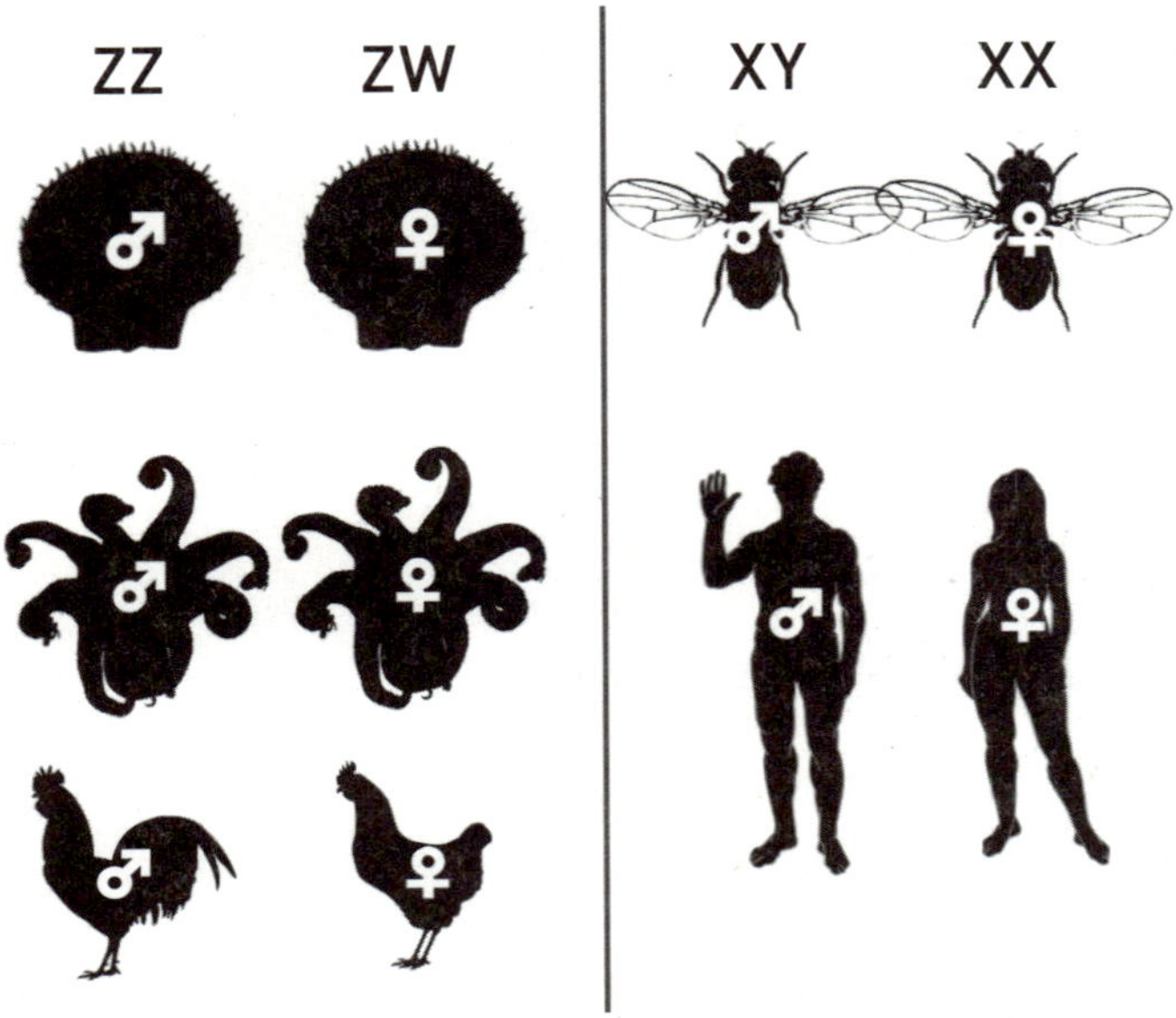

性が決定する仕組み　タコもヒトも生まれながらにオスメスの性は決まっているが、決まる仕組みは少し異なる。ヒトはY染色体を持つ個体がオスになる。しかし、タコの場合はW染色体を持っている方がメスになる逆パターンとなる。

ごく最近の研究成果として、タコの「性決定」が明らかになりつつある。性決定とは、オスになるかメスになるかを決める仕組みである。多くの海の生物にとっての性は、メスかオスかが必ずしもはっきりしない「性スペクトラム」を示している。一生の間で何度も性転換するもの（ハゼやクマノミなど）、雌雄の両方の配偶子を作る雌雄同体（フジツボやアメフラシなど）が普通に存在する。

それではタコはどうかというと、野外では性転換の途中や雌雄同体の個体はほとんど見つからないことから、生まれつきオスかメスが決定していると考えられてきた。これは染色体性決定とも呼ばれ、雌雄で性染色体構成が異なるのが特徴である。

染色体は細胞の中にあり、遺伝情報を持つゲノムを格納している。雌雄で繁殖する生物では、父親からもらう分と母親の分の2本の染色体が対になっている。

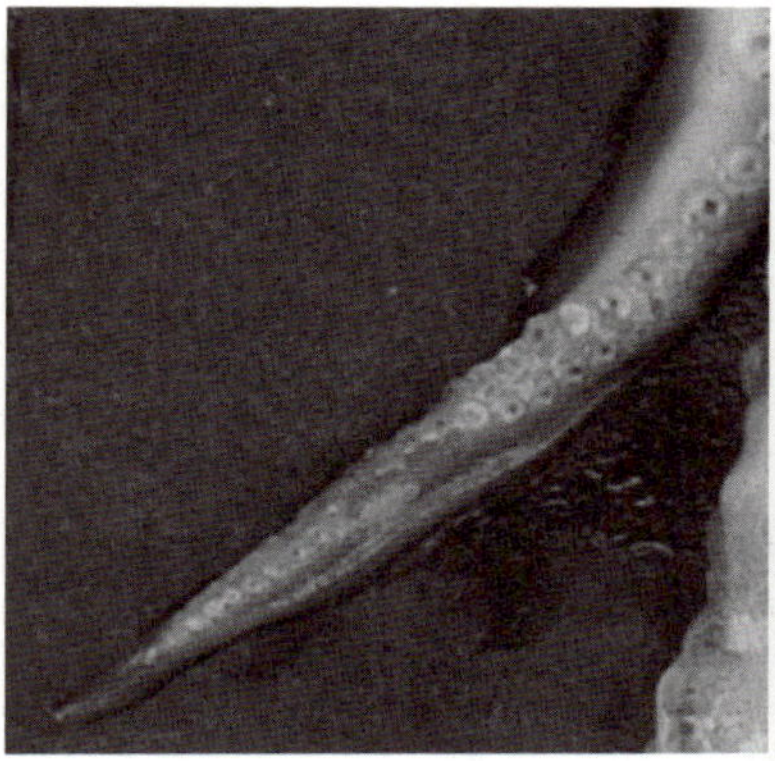
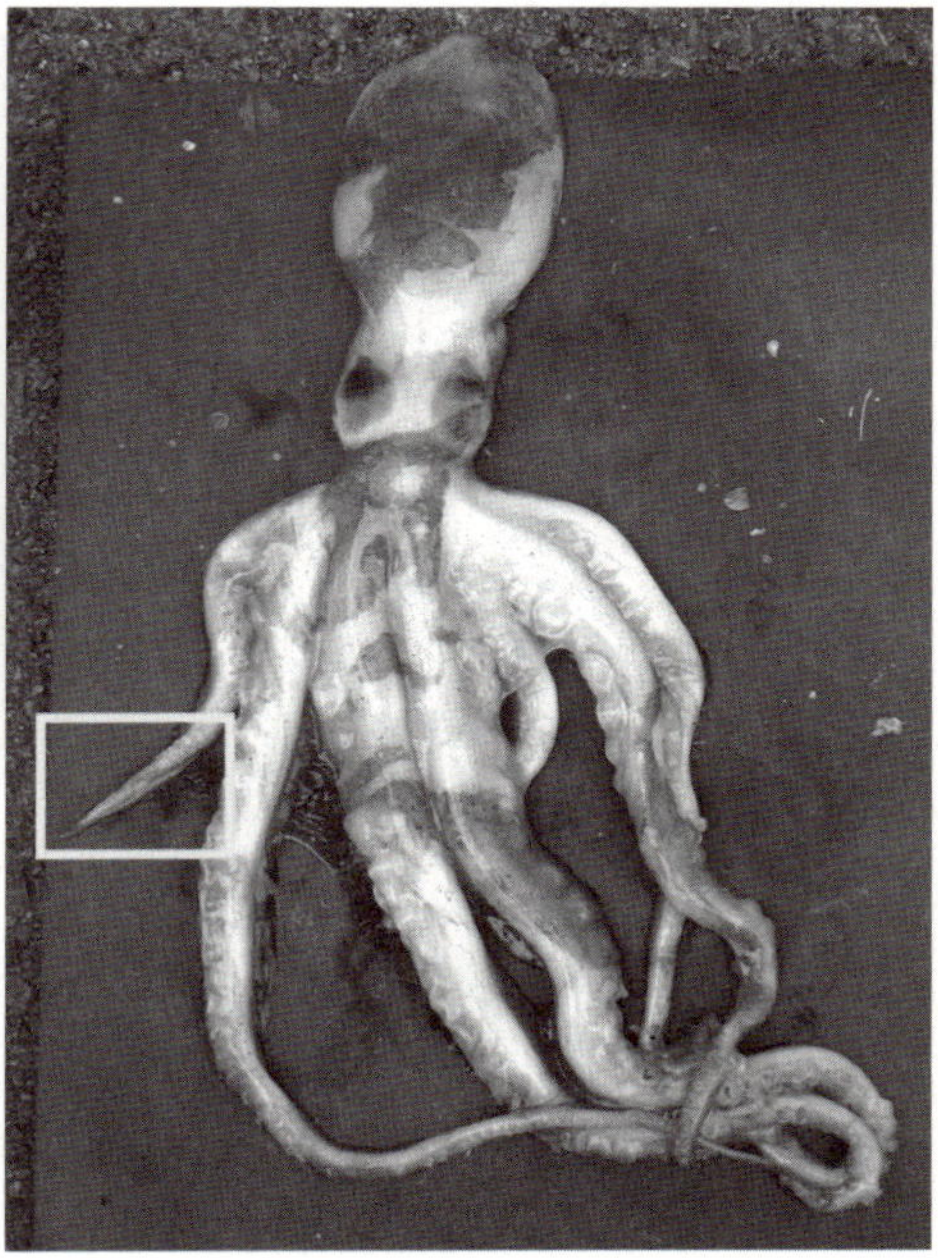

オスのタコを見分ける方法

オスのタコを外見で見分ける方法がある。タコにとって右手側の3番目の腕が他より短く、先が尖っていないのがオスだ。一方でメスは左右の腕の長さがほぼ同じである。オスの右3腕の先は舌状片と呼ばれ、交接の際に精子の入った袋を潰さずに持って手渡すのに使う。

染色体には、性決定をする遺伝子を含む「性染色体」とそうではない「常染色体」とがある。性染色体には性決定因子と呼ばれる遺伝子が必ずあり、それが性決定を制御している。ヒトの場合、聞いたことがある方も多そうだが、Ｙ染色体とＸ染色体がそれに相当する。

　ヒトでは、両親からもらう性染色体の組み合わせがＸＸだと女性になり、ＸＹだと男性になる。ヒトでは「デフォルトの性」は女性（ＸＸ）なのだが、Ｙ染色体を持つとオスの精巣形成を司るＳＲＹ遺伝子が強く働き、男児として生まれる。

　頭足類は少し事情が違い、ＺＺ／ＺＷ型という染色体を持っていることが明らかになった。ニワトリや蛾の仲間もそうなのだが、頭足類を含むこれらの生物ではＷ染色体にある遺伝子がメス化を担っているので、ヒトとは逆にデフォルトの性はオスである。タコゲノムからＷ染色体は明らかになったので、近いうちに、もともとオスだったタコの胎児がメス化する機構が明らかになると期待している。

10

タコはRNAを「編集」できる

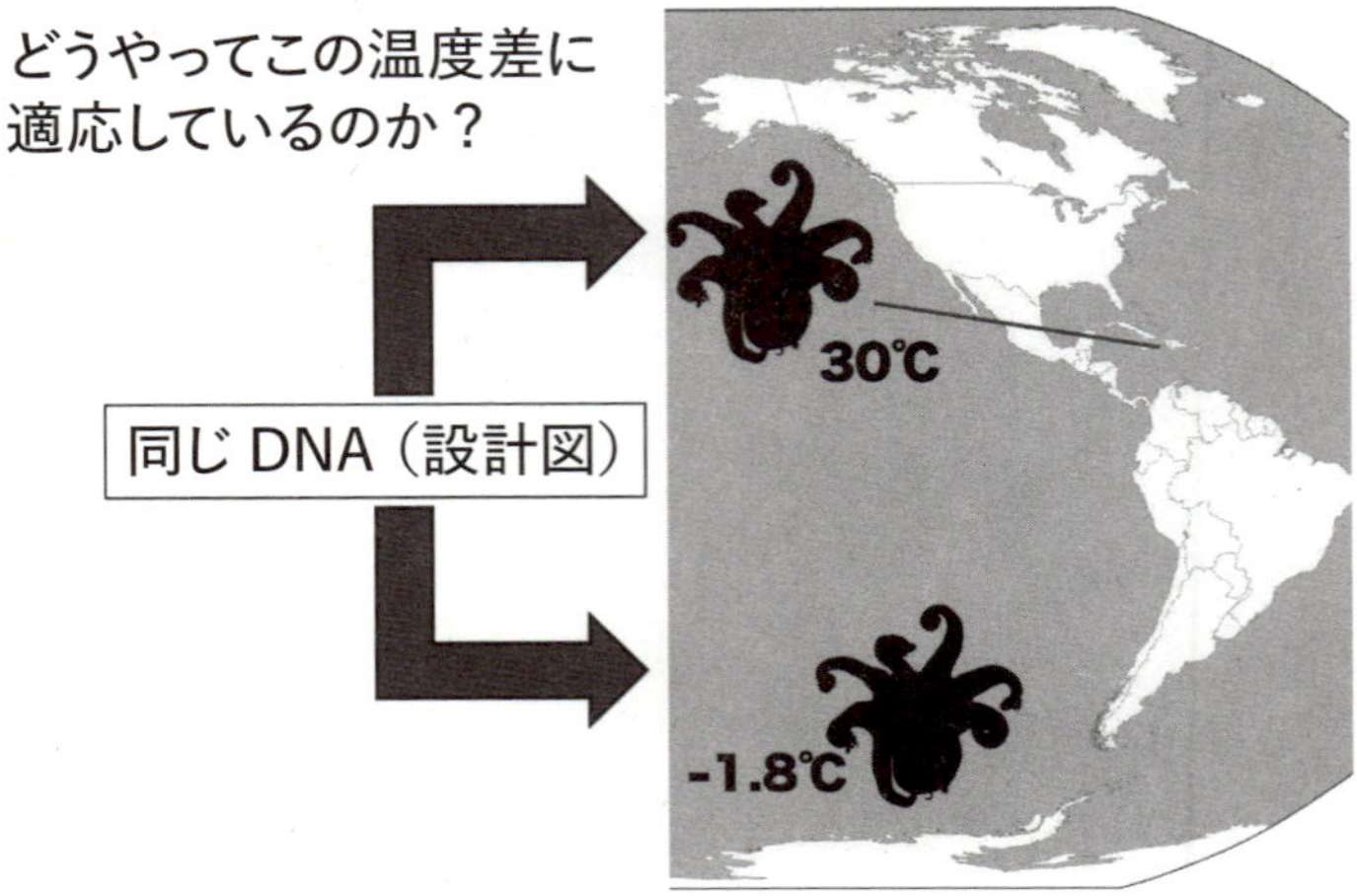

異なる水温に住むタコ　ローゼンタールらは、南極と中南米に住むタコの比較から新たな発見にたどり着いた。30℃以上異なる水温には同じ遺伝子を使っていては適応できない。

科学者はセレンディピティ（「偶然の幸運」とでも訳すべきか）を大切にする。多くのノーベル賞受賞者もその大切さを強調している。ちょっとした失敗が大発見に繋がったセレンディピティの事例は多いが、予想外の発見が「予想外の発見」であることに気づくのは難しい。想定外の実験結果は数あれど、それが示す真実の欠片を見逃さないのが一流の研究者であるともいえる。

タコゲノム研究から得られたセレンディピティとしては、「RNA編集」がある。生物の体はタンパク質で作られており、その設計図はDNAである。しかしDNAからいきなりタンパク質が作られるのではなく、途中でRNAと呼ばれる物質を介してタンパク質ができる。そして、タコはそのRNAを「編集」できるのである。

それは、意外な発見から始まった。タコの遺伝子研究をほぼ独力で立ち上げた米国のローゼンタール

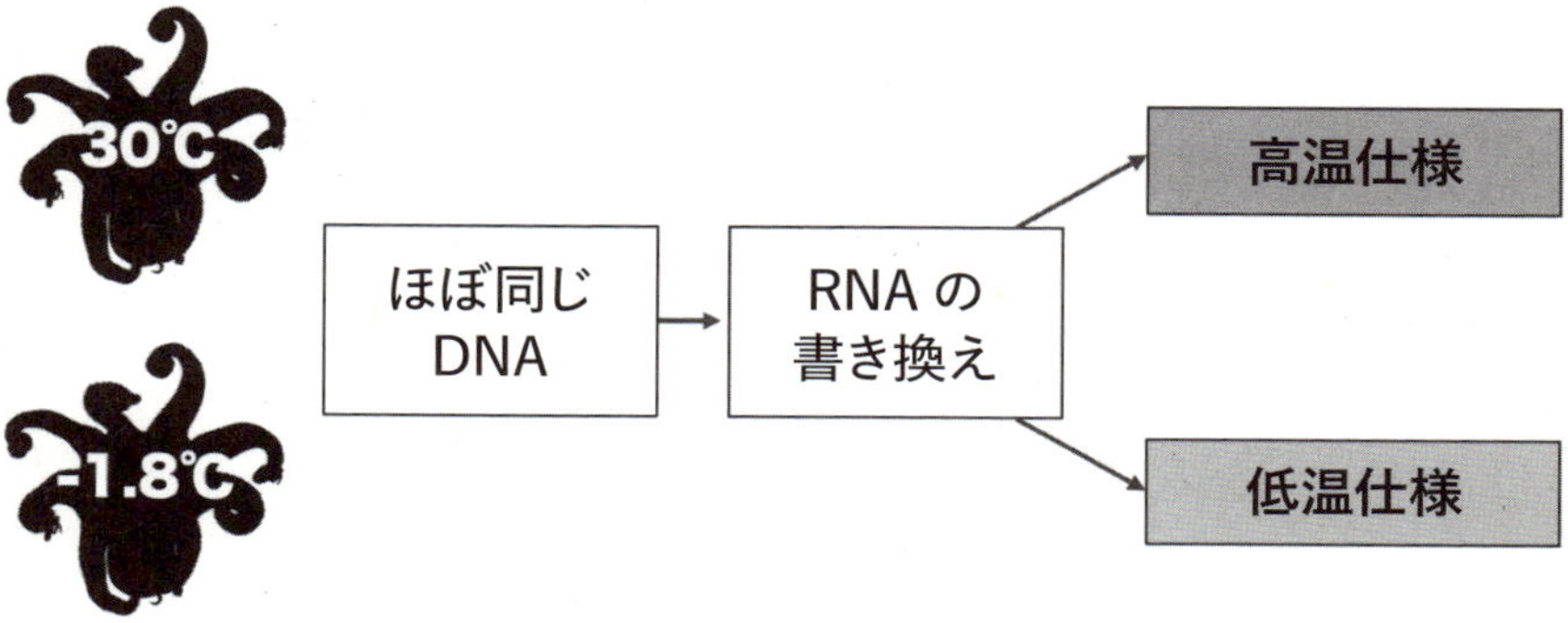

南極と中南米のタコの異なる仕組み

水温の異なる地域のタコを調べた結果、意外なことにゲノム上の遺伝子はほぼ同じだとわかった。ゲノムからタンパク質になる途中の物質であるRNAを書き換えることで、高温タイプと低温タイプの使い分けを行っていたのである。

は、あるとき南極のタコに注目した。浅海性のタコは概ね20℃前後の水温に暮らしているが、南極の海底に住むタコには年間を通してマイナス1・8℃の水温域で生活しているものがいる。彼らはどのようにこの温度に適応しているのだろうか？

ローゼンタールらは、神経で働く「遅延整流カリウムチャネル遺伝子」に注目した。神経はカリウムという物質を使って電気を流しているのだが、低温だと運動が鈍る。だから、南極タコの遺伝子は、低温でもカリウムの働きが悪くならないように改造が必要なはずである。

ところが、なぜか南極タコと熱帯タコのカリウムチャネル遺伝子のＤＮＡはほとんど変化がない。これでは温度適応が説明できない。

そこでローゼンタールが調べてみたところ、タコでは一部のＲＮＡが「編集」され、南極タコと熱帯タコで異なるカリウムチャネルタンパクを生み出していることを発見した。これがいかに特異なことかは、次の項で説明しよう。

DNA	設計図
↓	
RNA	仕様書
↓	
タンパク質	部品

生命の情報は原則的に一方向に伝わる
＝セントラルドグマ（1958 年クリックが提唱）

DNAがタンパク質に変わる「セントラルドグマ」

DNAの二重らせん構造を解き明かしたノーベル賞研究者であるクリックが提唱した、生物の大原則がセントラルドグマである。ゲノムの情報は、DNAからRNAを経てタンパク質へと読み出される一方向の流れである、という原則をセントラルドグマと呼ぶ。

11 遺伝子の「仕様」を変えてしまうＲＮＡ編集

ＲＮＡ編集とは、ＤＮＡとタンパク質の間で働くＲＮＡを読み替えてしまう現象のことである。

ＤＮＡはタンパク質を作る遺伝子の設計図だが、ＤＮＡから直接タンパク質が作られるわけではない。まずは必要な情報を書き写した「仕様書」であるＲＮＡを作り、そこからタンパク質が「翻訳」される。すなわちＲＮＡはＤＮＡを忠実に写し取った仕様書なのだが、ＲＮＡ編集では、その仕様書を細胞ごとに変更してしまうのだ。

そして南極タコは熱帯タコと同じ設計図（ＤＮＡ）を持つにもかかわらず、この仕様書変更だけで冷たい海水に対応していることがわかった。具体的には、タコのカリウムチャネルタンパク質では、このＲＮＡ編集によってカリウムが通る穴を開き気味にしているようだ。

ＲＮＡ編集自体はタコに特有の現象ではない。

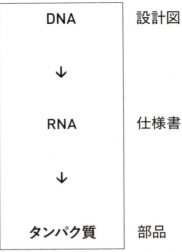

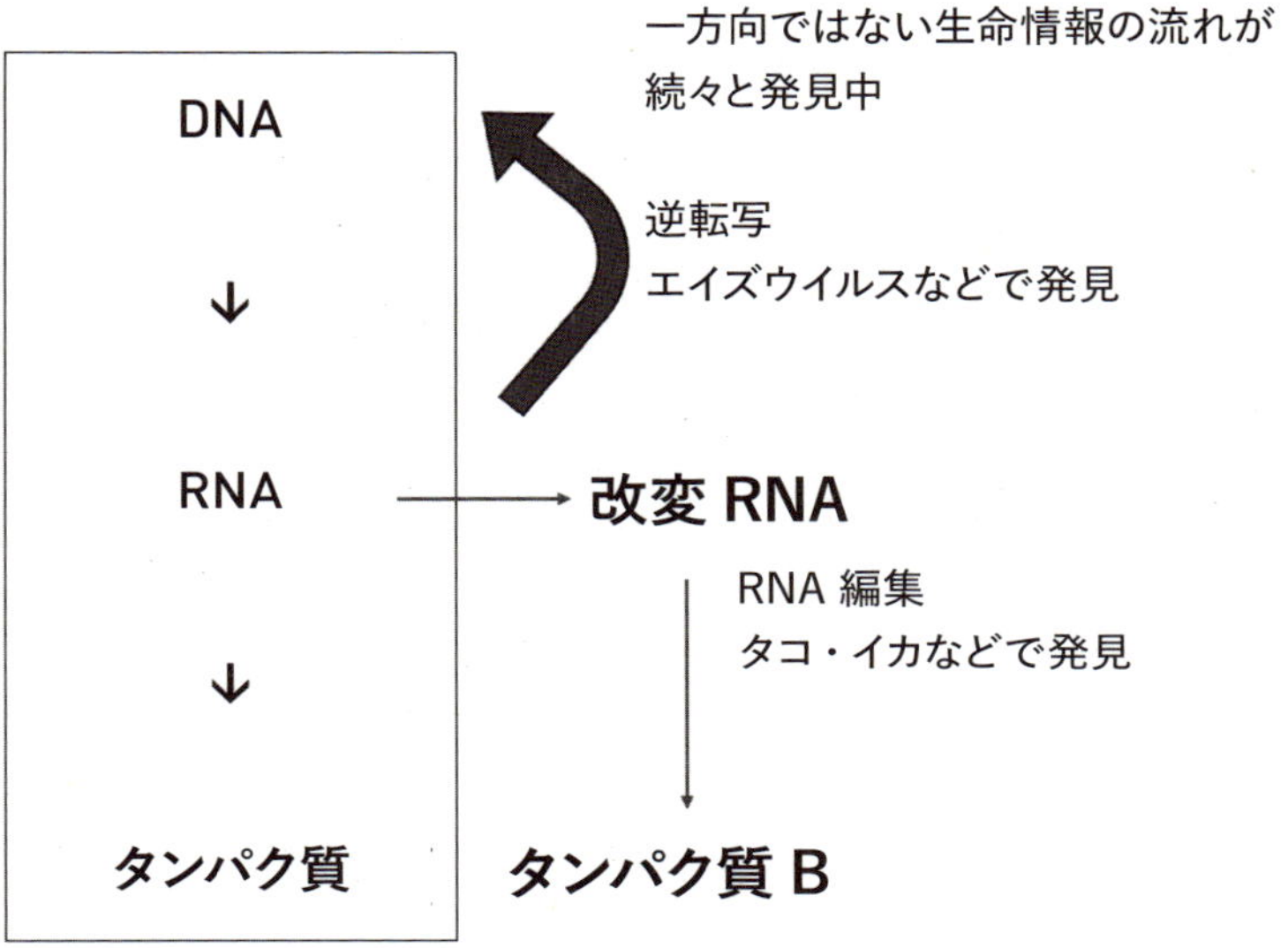

RNA編集の流れ

RNA編集は生命情報の流れである「セントラルドグマ」に反する意外な発見である。ここでは、DNAから読み出されたRNAを改変することで、もともとDNAに書かれていた情報とは異なる結果を出力できるようにする。セントラルドグマの原則ではDNAの情報はそのまま下流に伝わるが、RNA編集は書き換えを行ってしまう。エイズウイルスなどが行っている「逆転写」もセントラルドグマに反して情報を変えてしまう。

我々ヒトも、神経細胞の一部ではＲＮＡ編集によって仕様書変更が行われている。ＲＮＡ中のＡ（アデニン）をＩ（イノシン）に変えるのが最もよく見られるＲＮＡ編集である。しかし、ヒトにおけるＲＮＡ編集はごく一部の遺伝子（数％程度）に限られる。タコがユニークなのは、ＲＮＡ編集が全遺伝子の60％以上に及ぶことなのだ。

こんなに仕様書変更が多いと細胞の現場は困ってしまいそうだが、タコはちゃんと生きている。マウスでの実験から、ＲＮＡ編集を完全に止めると死ぬことがわかっており、ＲＮＡ編集が生物に必須であるのは間違いない。

一方、無秩序な編集はＤＮＡを傷つけるのと同じようなものなので、がん化を引き起こすだろう。この中間にあると考えられるのがタコである。このような生物は他にないので、ＲＮＡ編集が生物においてどのような「意義」があるのか、タコを研究することが求められている。

12

RNA編集で再び注目される頭足類

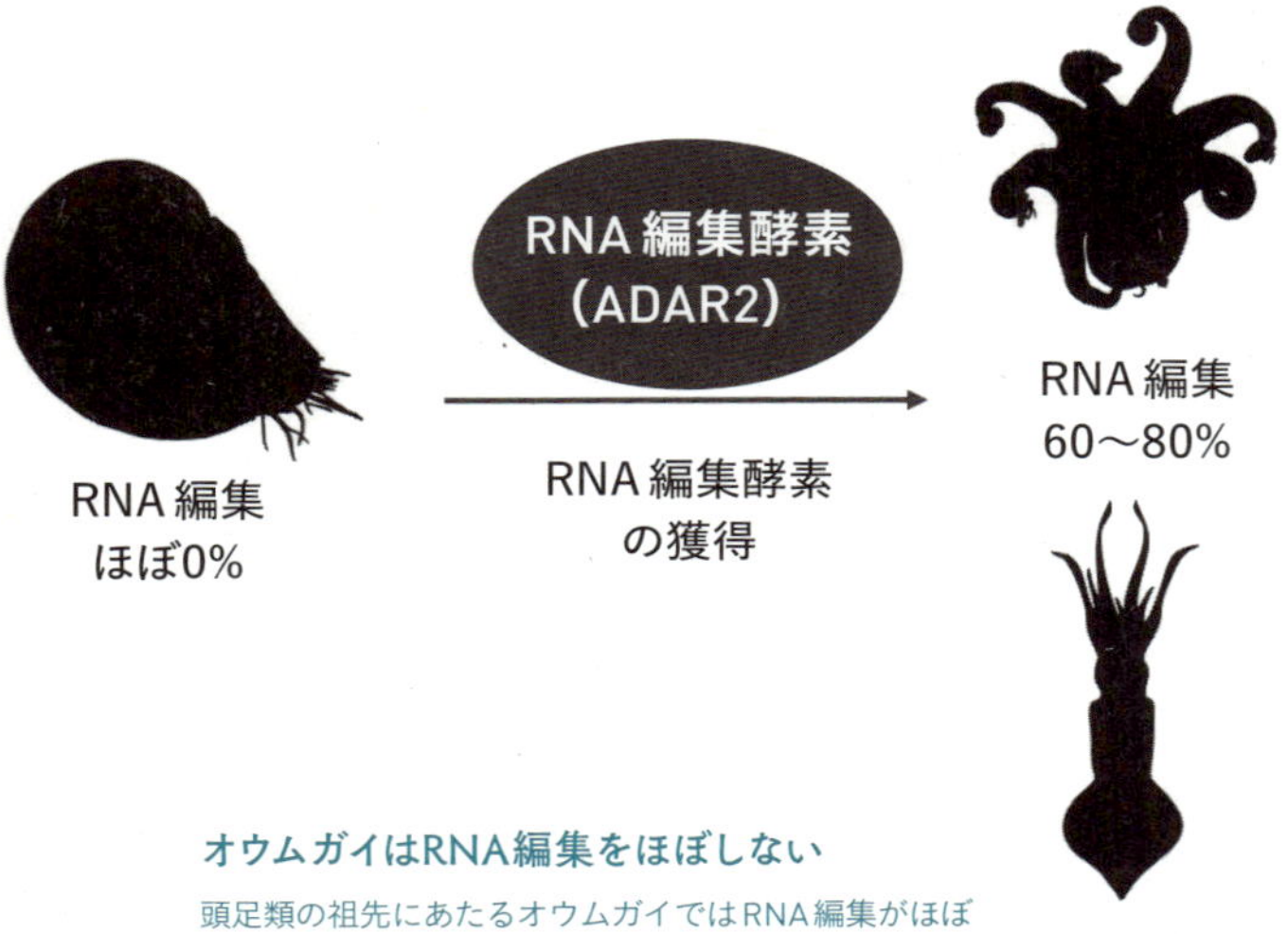

オウムガイはRNA編集をほぼしない

頭足類の祖先にあたるオウムガイではRNA編集がほぼ見られず、他の生物と変わらない。RNA編集能力はその後の進化で獲得されたとみられる。

セレンディピティ（偶然の幸運）によって見つかった南極のタコのRNA編集は、現在、生物界の常識を揺るがす一大発見とされている。

ゲノム情報はその個体が生まれ持ったもので変化しないのだが、タコのRNA編集は、ゲノム（DNA）が体を構成するタンパク質に変化する流れに、もう一ステップを加えている。

現代の研究の世界では、ゲノムDNAとそこから読み出されたRNAの両方を、大規模に読み取って分析する。ゲノム解析済みのタコ、イカについては全身のRNAを読み取って、RNA編集の程度の違いまで調べられているところだ。

RNA編集にもいろいろあるが、頭足類は、アデノシン（A）をイノシン（I）に変換する「A→I編集」を利用してタンパク質の編集を行っている。この編集は、ADAR2（アデノシンデアミナーゼ2）という酵素が担当しており、編集の度合いはこれまで

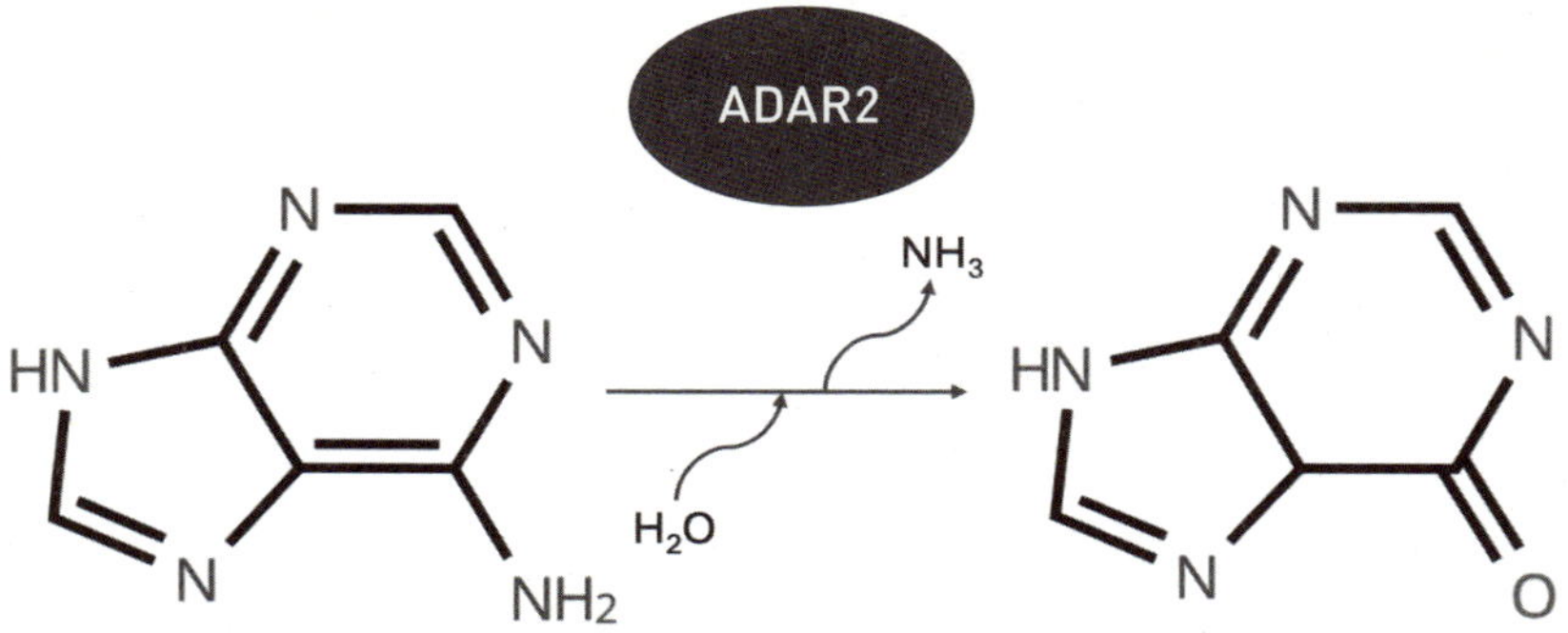

頭足類のA→I編集

頭足類は、アデノシン（A）をイノシン（I）に変換する「A→I編集」というRNA編集を行っている（化学式はKetcher2.21を使用して描画。Apache 2.0 license）。

に研究されたどの生物よりも桁違いに高い。

たとえば、スルメイカは神経のＲＮＡの約3分の2をこのメカニズムで再コード化しており、タコやイカも同様の頻度で編集している。低水温への対応以外にははっきりした機能は見つかっていないが、他にも、これまでに調べられているイカやタコでは、すべてこの高頻度のＲＮＡ編集が見られる。

ところが、頭足類の祖先にあたるオウムガイにはＲＮＡ編集がほとんど見られない（普通の動物と同じレベル）。したがって、オウムガイの段階ではなく、その後イカやタコに進化する過程で、このＲＮＡ編集能力を獲得したことが示される。

これまで他の学問の後塵を拝してきた頭足類研究であるが、その独自のＲＮＡ編集能力が知られるにつれ、オンリーワンの研究材料としてのし上がってきた。ＲＮＡ編集の知見はさまざまな技術に応用が期待されているのだが、今のところこのような全ゲノムワイドなＲＮＡ編集戦略をとっている生物は他にはいないのだから。

13

応用が期待されるRNA編集技術

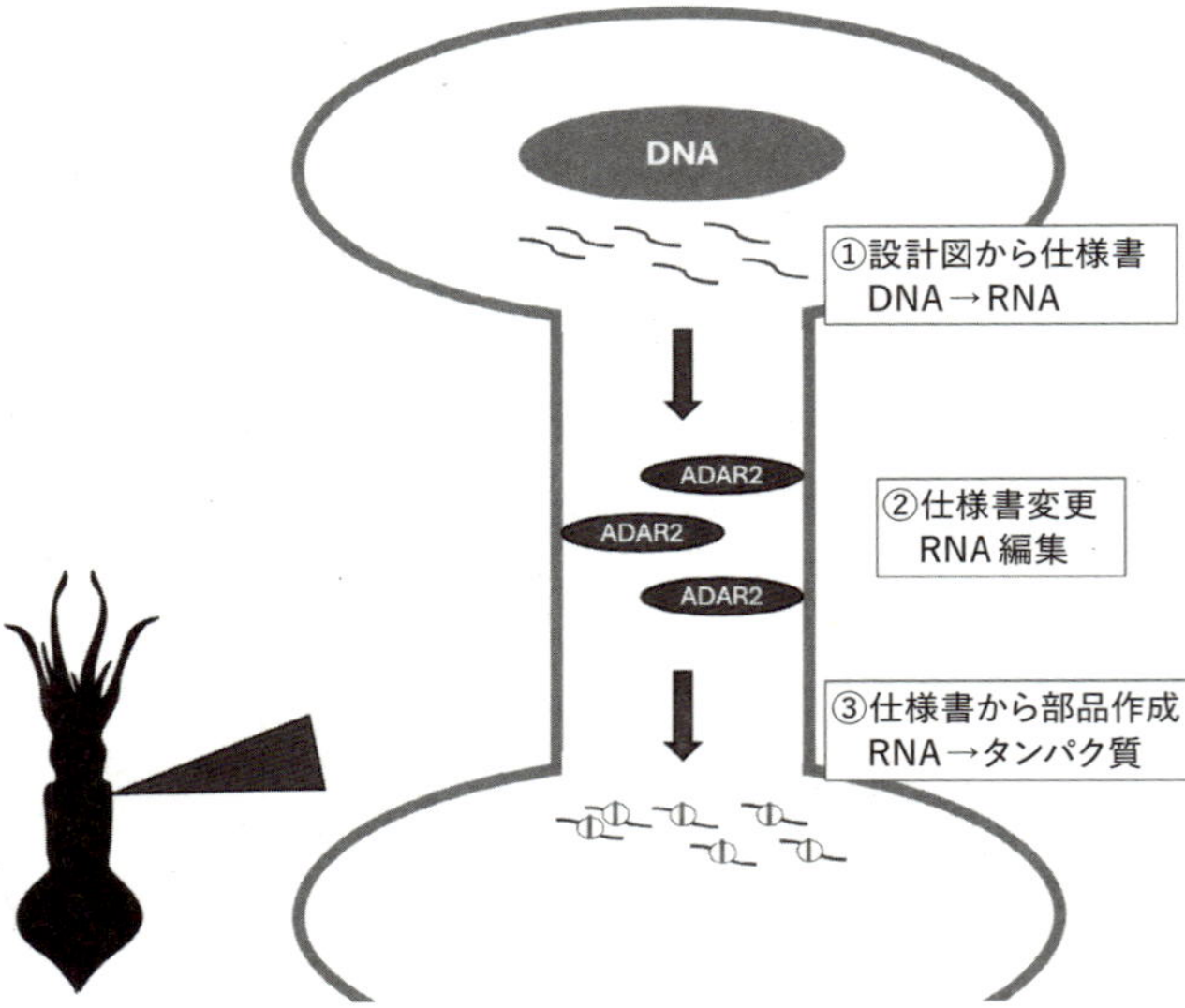

イカの軸索内でのRNA編集

イカの神経細胞内では、さらに複雑な情報変換が行われている。RNAが運ばれていく先々で、それぞれ別のRNA編集が行われることで、一つの細胞の中でも複雑な情報変換がなされているのだ。このようなことを行っている例は生物界でほとんど発見例がない。

RNA編集は、タコ・イカ発信の科学技術の発展に繋がっている。

RNA編集の特徴は、その都度の仕様変更によってDNAに書かれていない情報を付与できることだ。だから、南極のタコのように、温度などの状況に対応して遺伝子を調節することができる。

この仕組みをさらに拡大して考えれば、体のパーツごとに遺伝子を書き換えられてもよさそうではないか？

そう考えて検証した結果、新しい発見があった。イカは、一つの細胞の中でRNA編集による仕様書変更を使い分けているのである。

先の章に登場した、タコのRNA編集研究のパイオニアであるローゼンタールのチームのヴァレシオ－ヴィエジョらは、RNA編集が細胞内だけでなく、イカの軸索内で行われていることを明らかにした。細胞内ではなく、RNAを運んだ先の軸索でRNAを

年代	RNA編集に関する発見	文献
1960〜70	植物や単細胞動物で“RNA modification”現象が記録	
1986	RNA編集（RNA editing）という用語を提唱	Benne et al.
1991	ヒト遺伝子におけるRNA編集が発見	Sommer et al.
2003	全ゲノムを用いたRNA編集の比較解析	Hoopengardner et al.
2012	南極ダコの温度順応に関連するRNA編集	Garrett and Rosentale
2017	タコイカ全般の広範なRNA編集の発見	Liscovitch-Brauer et al.
20xx	RNA編集による病気治療が保険適応に?	

RNA編集の研究史

RNA編集の歴史は浅く、1986年ごろの最初の発見からゲノム研究を経て、2000年代になってから急拡大した研究分野である。今後は大きく展開して医療利用されるかもしれない。

編集してしまえば、さらに複雑な仕様書変更に対応できるというわけだ。

具体的には、イカの軸索では細胞の核内よりもずっと多く、何万もの部位（全編集部位の70％以上）が編集されていた。

軸索ではRNA編集の例がいくつも見つかっている。代表的なのは、カリウムを流す輸送隊であるカリウムチャネルである。

ランガンらの研究では、長い軸索中の輸送屋であるキネシンが、RNA編集によって異なる機能を果たしていると示されている。神経の細胞はやや特殊であり、場所ごとに遺伝子をRNA編集によって使い分けるメリットが大きいのだと想像される。

とはいえ、RNA編集がそこかしこに無制御で起こってはまずいことになるので、イカにはRNA編集の適切な制御の仕組みが備わっているはずだ。RNAの編集技術をイカに学んで応用することができれば、科学技術の発展が大いに期待できる。

column

03

タコ養殖の最前線

本書の各所に、タコの卵や子どもが登場する。卵は研究の上では非常に重要な情報源で、体の作られるパターンや順番を見ることはタコの体の進化を理解するのに欠かせない。

稚タコは、基本的に野生下から採取する。孵化後の飼育は非常に難しく、餌の選り好みも激しいので、大人になるまでに90％が死んでしまい、なかなか飼育ができないでいた。

だが長年の努力から、2020年代になってようやくマダコ養殖が実現可能になりつつある。ブレイクスルーとなったのは東京海洋大学の團重樹らの研究だ。稚ダコは浮遊しながら餌を食べることが重要なので、水流を調整して浮いたまま給餌できる装置を使うことで、上手く稚ダコが飼えるようになった。餌はワタリガニ（ガザミ）の幼生であるゾエアが適しているそうだ。稚ダコを使った養殖事業まであと一歩という状況である。

非常に残念なことだが、昨今の海洋環境変動の影響で野生のタコの状況は悪化している。有名な瀬戸内海の明石ダコも激減している。これをカバーするのに、アフリカのモーリタニアを中心に海外からの輸入に頼っていたが、ここ数年は同じく海産物のニーズの高くなった外国に買い負けて、日本に入ってこなくなっている。

さらにこの状況に追い討ちをかけるように、米国はカリフォルニア州でタコの養殖を禁止する法案が制定されるという驚くべき事態が起きた。技術革新により、ようやく養殖が始められるかどうかという状況になった日本としては、全く受け入れがたい事態である。

タコ養殖禁止には多くの研究者が反対の声を上げている。持続的に漁業を続けていくためには、稚タコをまく種苗生産と放流という方法が取れるわけだが、養殖を一斉禁止となるとそれも不可能になってしまう。

長年タコ・イカと付き合ってきた日本だからこそ、野生のタコたちと共存するやり方を模索していきたいものである（吉田真明）。

4章

頭足類と人類

01

生命科学の発展を支えた頭足類研究

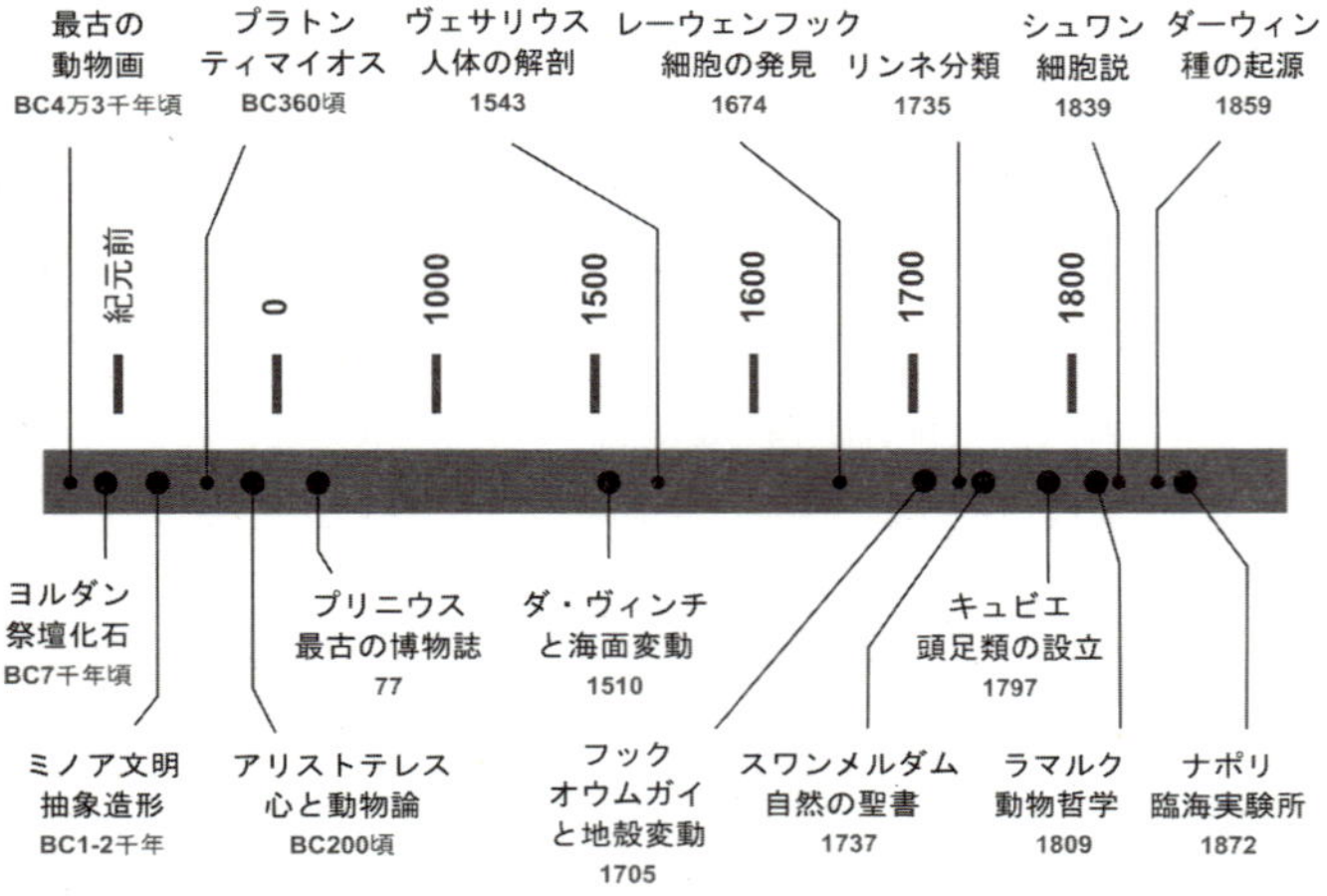

頭足類4000年の研究史　古代地中海のミノア文明から数えると4000年に及ぶタコとイカの研究史。上段には代表的な生命科学の発見の歴史を記してある。

タコやイカは古来、食物として身近であり、思想や科学にとって貴重な存在でもあった。

今からおよそ1万年前の中東では、古代祭壇の遺品としてオウムガイの化石が置かれ、紀元前2000年から始まる地中海の文明では魂、体、さらには世界の象徴である万有の形（円や螺旋だと考えられていた）を表す、海からの生き物として描かれている。

古代ローマ時代の最古の博物誌の中では畏怖の怪物として記され、17世紀のルネサンス期には解剖学の対象であり、そして18世紀ごろには顕微鏡の発明により、人体と同様の精密さで記述された。また、タコやイカの研究が発端となり、すべての動物の体に共通の「設計」があると提唱され、後に進化論を生む基盤を作り上げた。

20世紀には、多様な海洋の生物が生命科学の発見の宝庫となった。高い知能を持つタコを用いて学習と記憶の仕組みが明らかにされた。また遺伝子の構

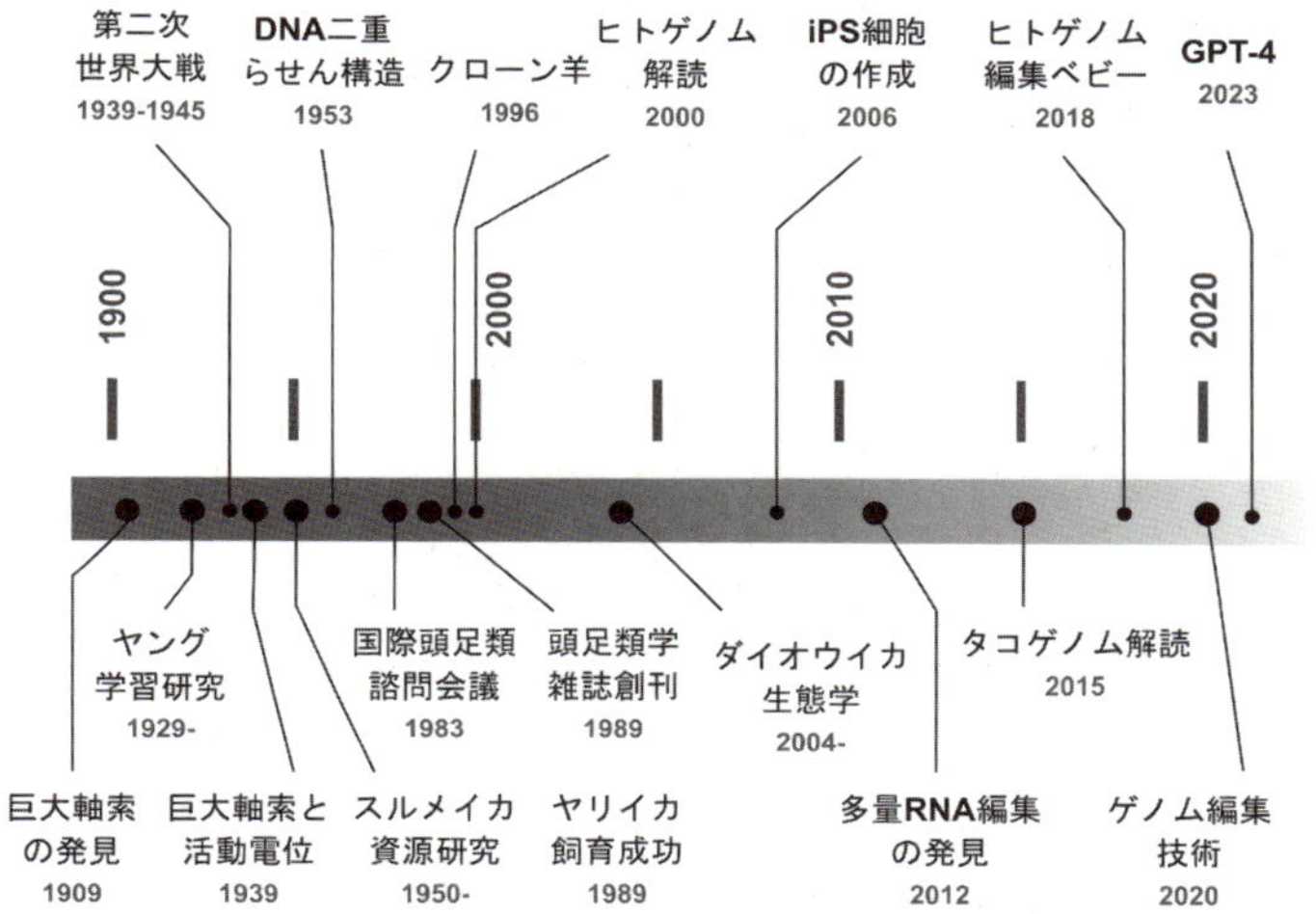

現代のタコ・イカ研究史　第二次世界大戦以降のタコとイカの研究史。タコゲノムが解読されたのは2015年だ。

造の発見と共に分子生物学が起こり、動物界で最も太い神経がイカで見つかり、これらを元に私たちの神経や心理活動の仕組みが明らかになっていった。

さらに21世紀には海洋工学、航海、衛星・通信技術の発展と共にダイオウイカの実態が明らかになり、食料として重要なスルメイカの大回遊も昨今の地球温暖化の予測と共に示された。

このように人々の関心を集めてきた頭足類だが、近年は人間中心の医学・産業研究が進み、タコやイカへの関心は薄れた。種を問わず、生命が持つ行動、生態、遺伝情報などのビッグデータは数値に解体され、人工的に活用されるようになった。

しかし、この情報のグローバル化には欠点が見え始めた。自然や生命は私たちの想定以上に複雑で怪奇だったのだ。人々は再びタコ・イカのような変わり者の種に興味を抱き始めた。

02

古代ギリシアのタコの抽象画

クレタ島のタコ？ イカ？　クレタ島の遺物に描かれたタコもしくはイカ。頭が上に、そして胴体が下に人間のように描かれている。外形はタコだが腕がイカのように10本ある（イラクリオン考古学博物館）。

紀元前20世紀から元年ごろにギリシアを始めとする地中海の国々が発展した時代、史上とても重要な抽象画が現れた。タコの絵画である。

この画はタコをヒトのように模写し、大きな二つの目玉がある頭を上に、胴体を下として描いている。頭から生えた腕の先は渦様に巻いている。このタコの体の捉え方と描き方は、現代の図鑑や研究書と同じものである。タコやイカの体の見方はこの時代から現代まで変わらずに続くことになる。

この古代ギリシアを含む地中海を中心とした海洋文明ではタコやイカは畏怖の対象だった。ギリシア・エーゲ海にあるクレタ島のクノッソス宮殿では、人獣ミノタウロスや鳥獣、イルカ、猿、美女の絵画の隣にタコの腕の抽象画が飾られている。また、クレタ島や近隣の島々からは多くのタコ、イカ、貝殻を持ったカイダコが描かれた壺や土器が出土し、その中にはタコやイカが世界を支配する存在として描か

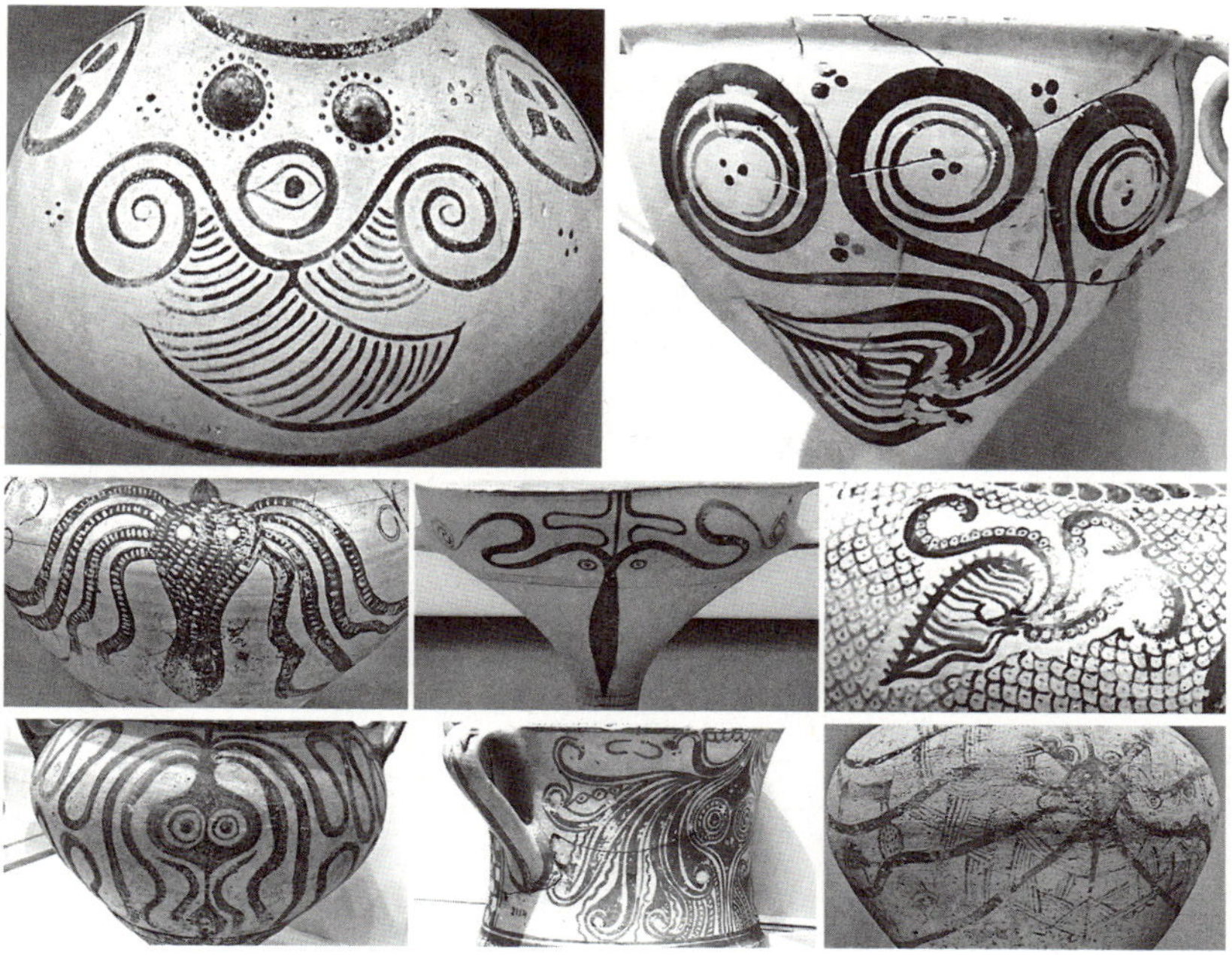

抽象化された頭足類　円、螺旋形、世界を覆う怪物として抽象化されたタコ、イカ、そしてカイダコ（イラクリオン考古学博物館）。

れているものもあれば、幾何学的な円の塊や螺旋の紋様として描かれているものもある。これほどタコやイカを美的にかつ抽象的に表現した時代は他にない。

そして同時代、畏怖の対象としてのタコやイカは科学的な研究の対象になっていく。この時代、哲学、生物学、医学など多くの学問が生まれた。また自然、人間や動物の魂、体の根源にある単純なデザインが探求された時代でもあった。ギリシアの哲学者プラトンは、その著作『ティマイオス』において、心、体、そして世界全体は根源的に円・球形であり、中心へと自己回帰する渦巻もしくは螺旋形のようなものであるとした。この螺旋形はタコやイカの体に現れている。

そして、プラトンの弟子にあたるアリストテレスが、タコやイカを含む頭足類を全世界に知らしめた。この後、アリストテレスのタコやイカ像は科学的な見方で、現代の私たちの研究の礎を作り上げていくことになる。

03

頭足類を研究したアリストテレス

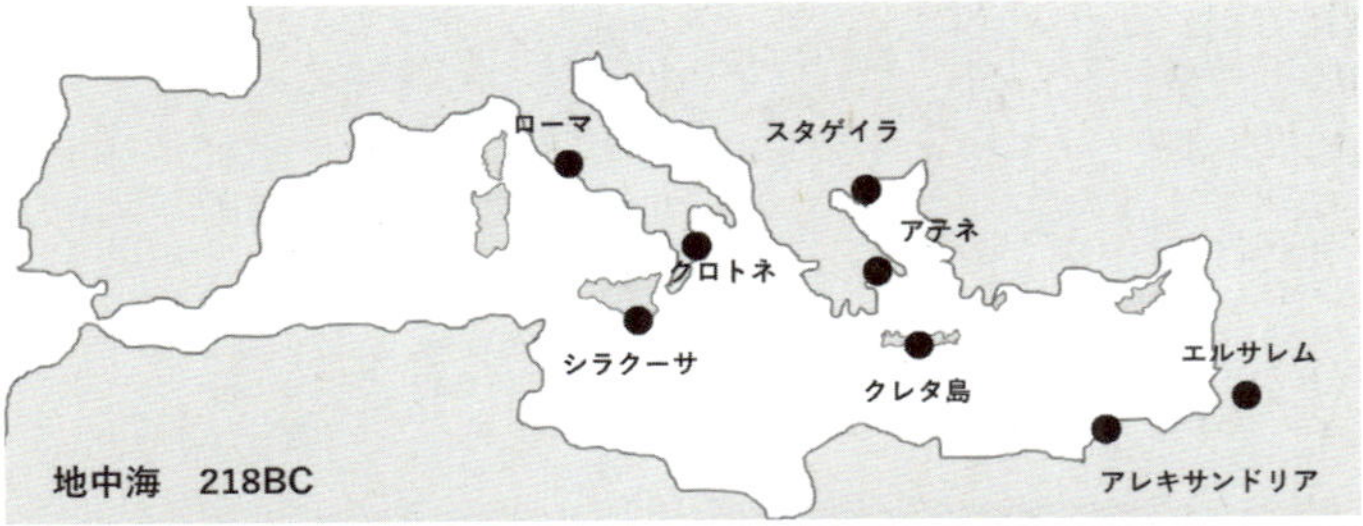

ギリシアの古代海洋都市　海洋都市として栄えた古代ギリシアの主要な都市（上）。中央を歩く2人の人物の右側がアリストテレス、左にその師プラトン。バチカン美術館の絵を撮影。

頭足類の心身を考える上で、古代ギリシアの哲学者アリストテレスの偉業を外すことはできない。後に生物学の父または万学の祖として知られるようになる彼の最大の功績は、過去の哲学者や医学者の考えを省みた上で、現代の科学に通じる思考様式を築いたことだった。アリストテレスは人間とタコやコウイカを動物として比較したのである。

彼の講義草稿である『動物誌』や『動物部分論』では、既に同じ属や種の動物は同じ能力、感覚、運動、睡眠、そして生殖の様式を持つことを明記している。軟体動物に属するコウイカは、他の属であるカキなどの巻貝、エビ・カニなどの甲殻類、そして昆虫類とは区別された。このタコやイカは無数の吸盤がついた脚または腕を持ち、頭、外套、ヒレで泳ぎ、岩を登る。二つの歯を持った口で食べ、特殊な腕を用いて生殖を行い、漏斗を用いて墨を吐く。

イカの体はもっと細長く、コウイカは平らなヒレ

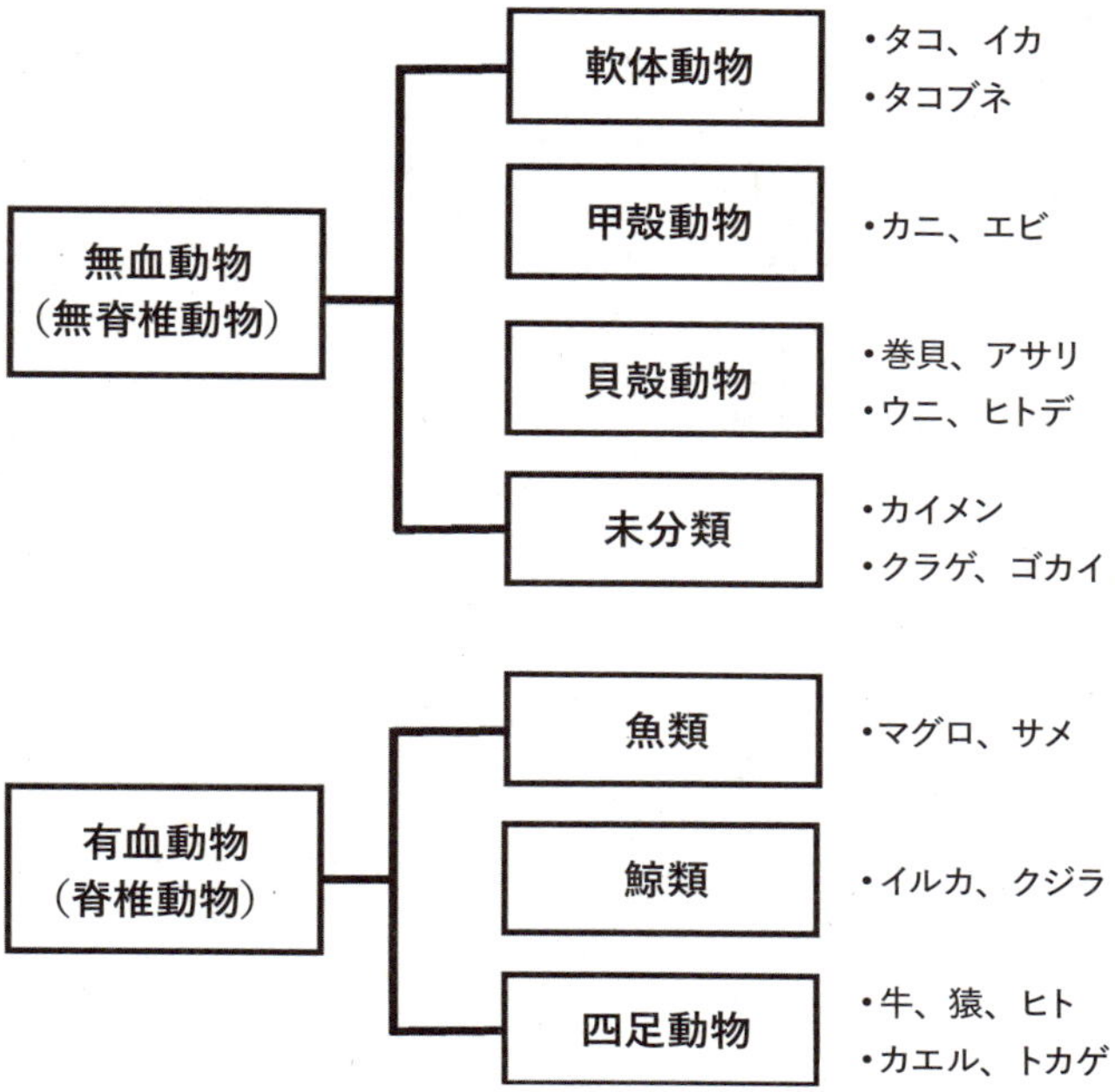

アリストテレスによる分類図　タコやイカは軟体動物に含まれていることがわかる。Voultsiadou et al. 2017を改変。

が体全体についている。貝殻を持ったカイダコ（paper nautilus：ギリシャ語の「船乗り」nautilosから来た言葉）は、網目状の腕を使って海面を帆走することからその名がつけられた。

アリストテレスの『心について』では5つの感覚、「見る、聞く、匂う、味わう、触る」はすべての動物が持つとし、感覚の起源や発達についても客観的に記された。タコやイカは動くまぶたを持ち、それを閉じて眠る。夢を見るかはわからないらしい。彼の定義によれば、タコとヒトは、共に感覚、運動、認知からなる心を持つという。

さらに注目すべきは、彼が動物の心や体の目的を重視していることである。認知、学習、そして知能といった機能がどの生物でも同じ目的や仕組みで生まれたとして解釈され、タコやイカの体は、人間と同じような目的と仕組みで働くと考えたのである。このアリストテレスの思考法は、現代の研究者の考えに通じる。

04

プリニウスが記録した謎の巨大タコ

写実的に描かれたタコ

ナポリ国立考古学博物館より。

西暦79年、火山の噴火により突如滅んだイタリアの海洋都市ポンペイ、そして周辺のエルコラーノ遺跡群では、火砕流によって当時の壁画、彫刻、建築、文化様式が現在まで保存されている。

そこに残されたタコとイカの像は、ギリシアのそれよりも写実的に描かれている。おそらく、タコやイカが食用として身近だったのだろう。ウツボ、魚、イセエビなどと同じ類の生き物として描かれている。

ローマの軍司令官プリニウスもまた、このポンペイの消滅と同じ年に消息を絶っているが、彼はナポリ近郊の港湾都市で知られる限り最古の博物誌を編集している。

プリニウスの博物誌には、紀元前3世紀に広大な地域を支配したアレキサンドロス大王のマケドニア王国、現在のスペイン、エジプト、南インド洋までの海洋地域とその生物地理の情報、そして北欧の怪物たちの物語などがまとめられている。それまでの

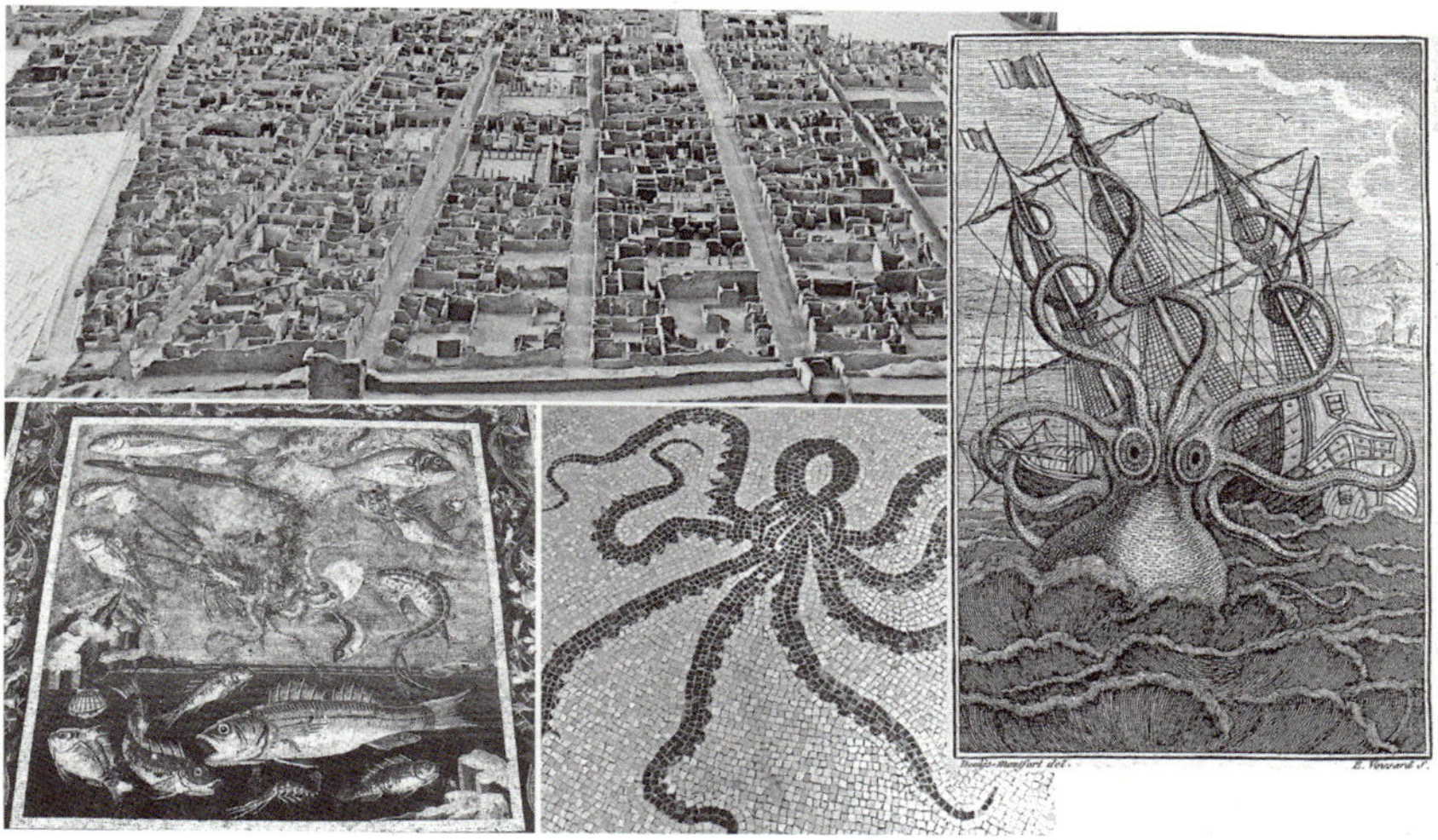

タコを愛したポンペイ市民

上段はポンペイの全体模型。下段左は海洋生物のタイル画（ナポリ国立考古学博物館）。下段中はタコのタイル画。エルコラーノ遺跡の浴槽室から。近代に描かれたクラーケンの想像図（Denys-Montfort 1801）。

ギリシア哲学者たちの著作と異なり、徹底した写実主義が特徴である。すなわち実用、軍事に必要とされるための記録である。軍隊行動を考えると、障害となる未知なるモンスターの存在は、決して無視できるものではなかった。

特に注目すべきは、海洋での最大の生き物の記録である。最も大きな生き物として船乗りが遭遇した鯨類に加え、「樹木のような生き物」が記されている。

この謎の生物は、後の博物者によれば、巨大ダコ、クラーケンではないかといわれる。博物誌で最もページが割かれている動物たちの章（Book 9、4章）では、カディス海に巨大な木のような怪物がおり、この生き物によって海峡を通ることができないという。カディス海といえば現在のスペイン南部、ジブラルタル海峡近郊であり、大西洋の入り口、ちょうどローマ帝国の西端の未開地にあたる。そこを封鎖している生物といわれれば、誰もが恐怖したことだろう。

05

科学的な頭足類研究の始祖、ダ・ヴィンチ

大洪水とダ・ヴィンチが描いた貝殻

旧約聖書にある大洪水の絵とダ・ヴィンチが研究のためにスケッチした貝殻（左下）（Leonardo da Vinci 1517-18より改変）。

15世紀の活版印刷の発明により書物が広く普及し、中世ローマ帝国以後の文芸復興が起こったルネサンス期。かの芸術家、発明家、解剖学者であったレオナルド・ダ・ヴィンチは、動物を脊椎動物と無脊椎動物に分けた初めての人だった。現在、タコとイカは無脊椎動物に分類されるが、それは彼に由来する。

また、カエルの脊髄と運動の関係を実験によって明らかにし、人間の頭蓋骨や精密な腕の動き、筋肉、骨格の関係を描写した。これは実験によって生物の仕組みを明らかにする研究の先駆けである。

ダ・ヴィンチの仕事の中で頭足類と関係する有名なものは、化石と地球変動の関係を唱えたことだ。彼はイタリア北部の山頂で発見されるアンモナイトやオウムガイであろう化石について記しているのだ。

なぜ標高が高い山頂で化石が見つかるのか？　山頂の貝殻は、海岸で見られるような貝の死骸の集ま

ロバート・フックによるスケッチ

左から、オウムガイの断面、アオイガイ、スピルラ、そしてアンモナイトの化石（Hooke 1665を改変）。

りではないか？

彼は多様な貝殻や地層を注意深く観察し、その原因は旧約聖書のノアの方舟の説話にあるような大洪水ではないと断定した。大きな地殻変動によって海面が大きく下がり、海岸の浸食が起こったと考えたのだ。聖書ではなく、貝殻の化石から地球の変動を正確に予測した最初の科学的な推論だった。

このアンモナイトの化石と地殻変動の研究は18世紀以後、イギリスのロバート・フックやフランスのキュビエといった博物学者へと引き継がれていく。フックは、アンモナイトやオウムガイの化石を顕微鏡を用いて観察した最初の人であり、化石で見つかる種が絶滅した生物であると主張した。

アンモナイトやオウムガイは特徴的な螺旋状の貝殻を持ち、化石として残りやすかった。そして、化石によって地質の年代が分類され、推測され、地球や災害の歴史が紐解かれる研究が始まった。

06
神が創造した頭足類の体

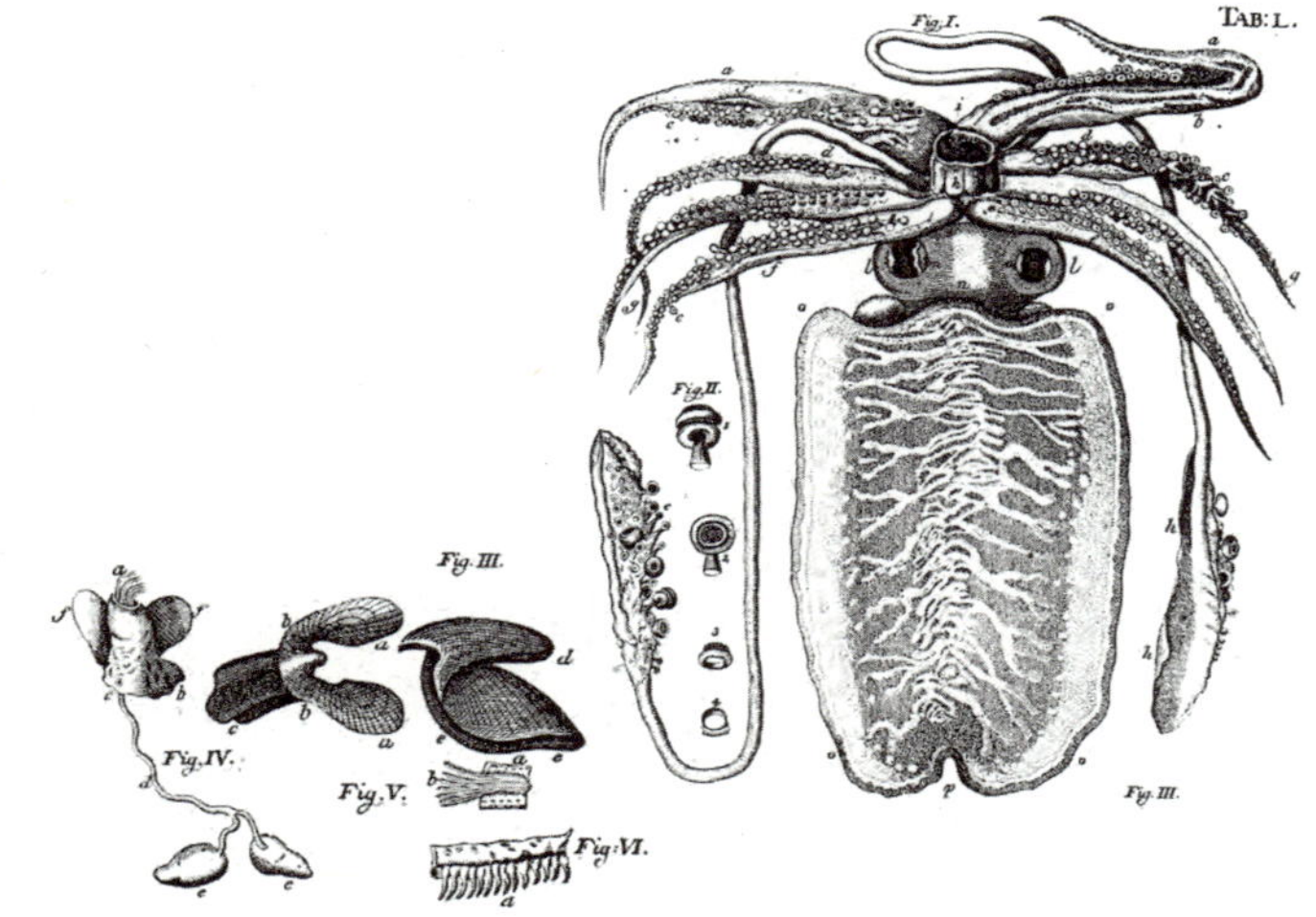

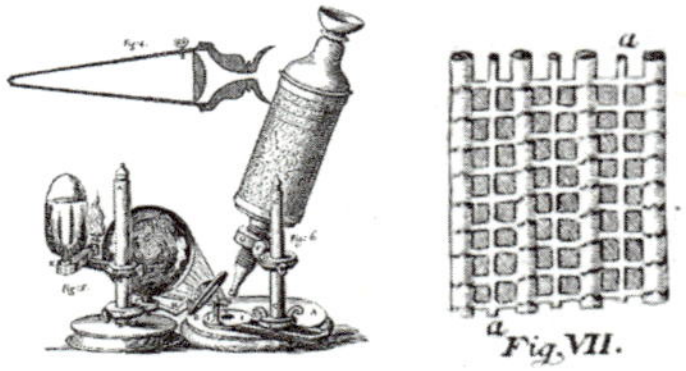

コウイカの解剖図と顕微鏡

解剖図はSwammerdam 1758を改変したもの。顕微鏡はフックのもの（Hooke 1665）。

16世紀の顕微鏡の発明とそれに続く細胞の発見の後、最古の頭足類の解剖図は『自然の聖書』という名の書物に現れた。この書物を記した17世紀オランダの医師ヤン・スワンデルダム（1637〜1680）は、医学よりも昆虫や小さな動物に興味があり、コウイカを人体医学と同様の技術で解剖し、器官の構造を新たに見出した。彼は神の御業として驚嘆したようで、本では「神の創造として……」という文句で考察が展開される。

注目すべきはスワンデルダムが人体と昆虫学の精通者であり、観察と同時に器官の仕組みを機械部品として考察していることにある。彼は同時代のオランダの哲学者、ルネ・デカルトの機械論的な生物観の影響を受けていた。さらに海洋動物を含む多くの動物を観察する中で、コウイカの生殖器官、精子の発射装置を精密装置としてその仕組みを論じた。さらに、カエルなどの脊椎動物とタコやイカが、それ

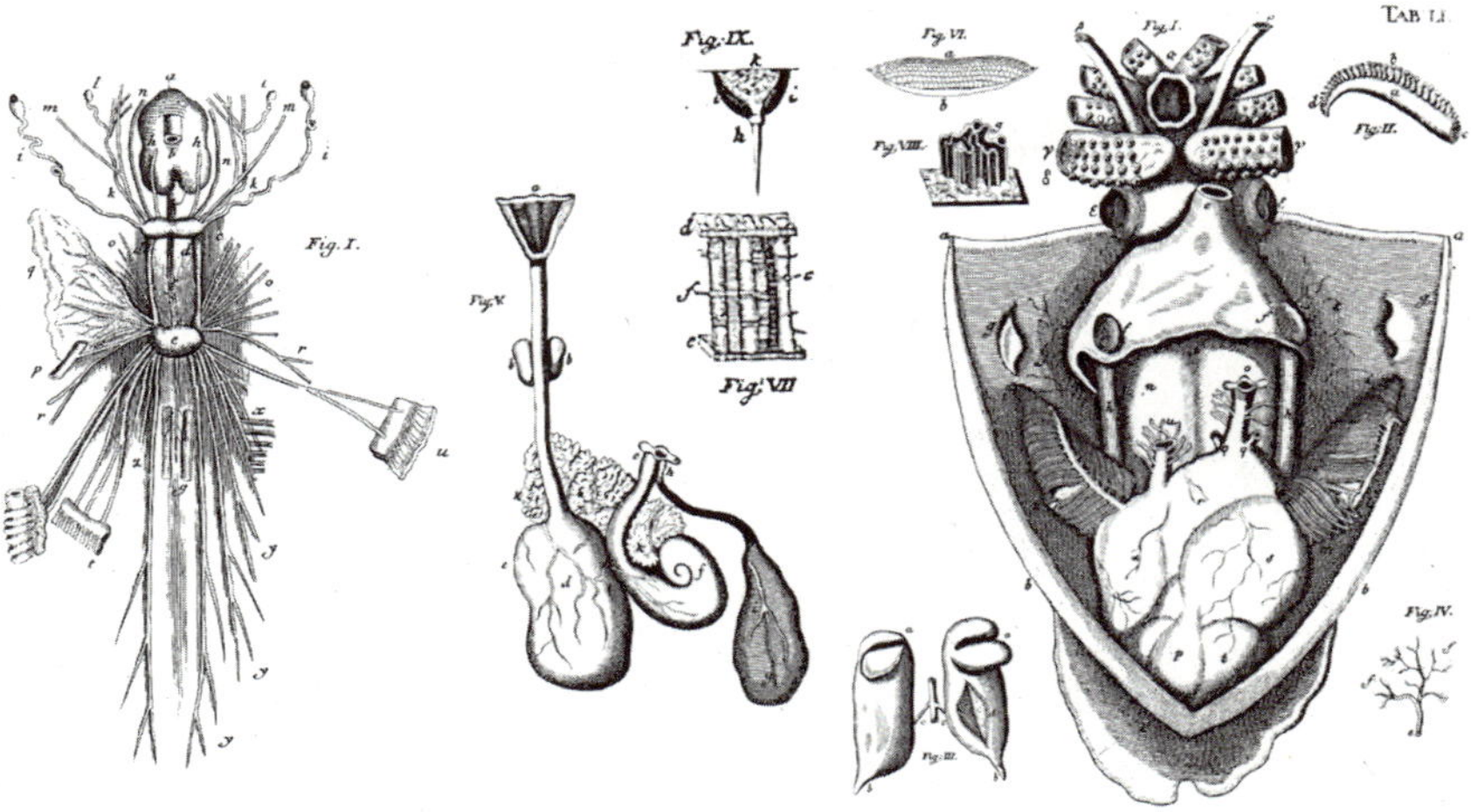

コウイカの内臓

コウイカ体内の器官。消化器、筋肉、神経系などが見られる（Swammerdam 1758を改変）。

ぞれ個性的な器官を持ちながらも共通の設計を持つと見通した。

初めてイカやタコを顕微鏡の世界で見たとき、どのように感じただろうか？　彼はその皮膚にある斑紋状の色素と放射方向に走る筋肉を見た。イカの筋肉は直列や斜めに走る繊維状であり、幾重にも折り重なった層になっていた。口を探っていくとリボン状の舌には無数の歯が整然と並べられていた。単に体の形を描画しただけでなく、生きたイカの皮膚にある動く色素の拡大や縮小を見た。そしてワインをかけ、その麻酔効果によって沈静化することも発見している。

この『自然の聖書』は最古の解剖図であるのに加え、実験的な思考や技術を駆使しながら生命全般の真理を明らかにしようとした一級の古典である。電子顕微鏡や各種の光学顕微鏡が開発されている現代においてなお、その輝きと価値が失われない科学研究の一例であり、タコやイカが持つ細胞の特異さが昔から知られていたことの証拠でもある。

07

全生物に共通の「プラン」はあるのか？

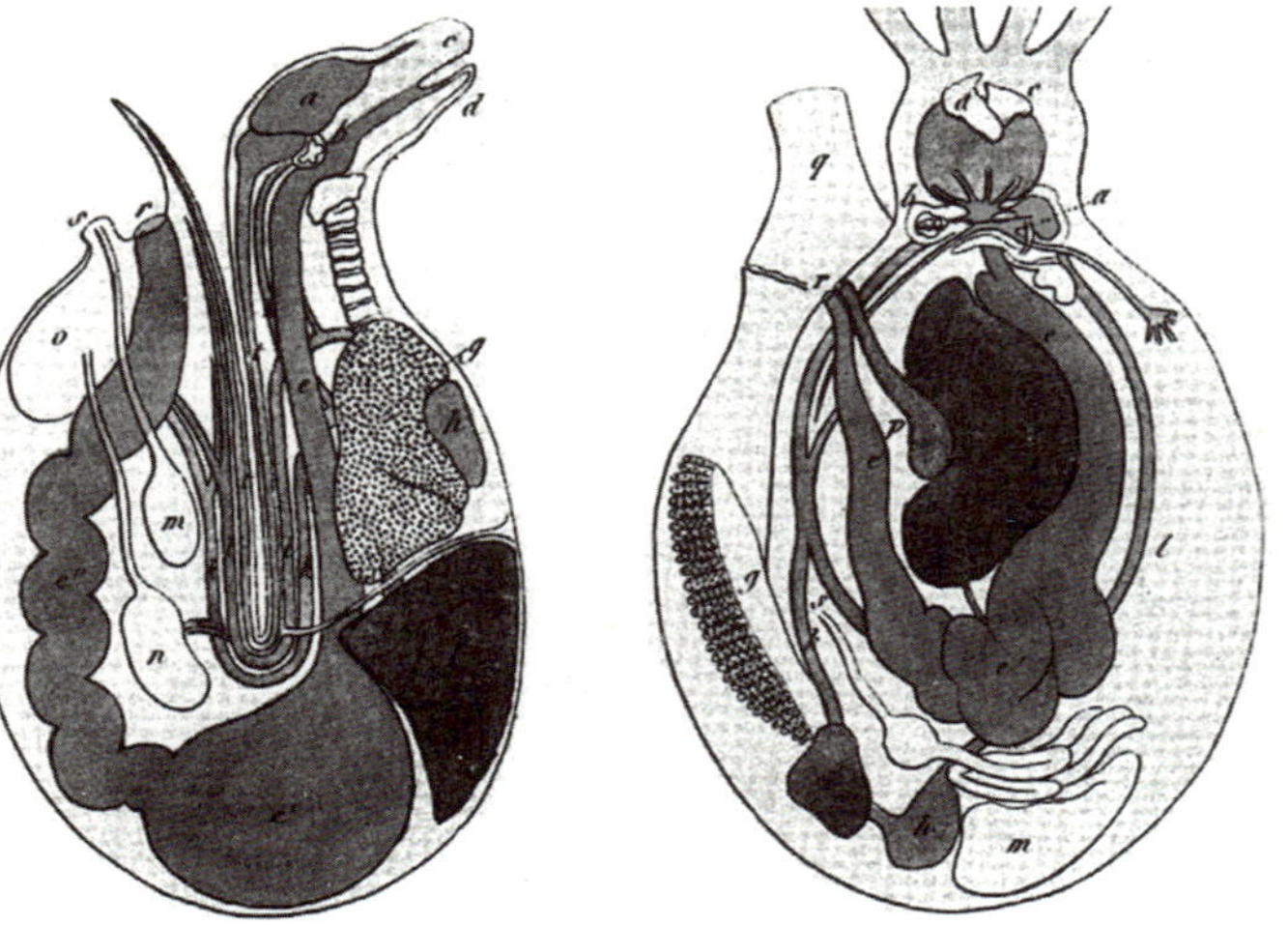

鳥とタコの内部器官は似ている？

鳥とタコの内部器官を比較した図。鳥の体を曲げてタコに似させているが、似ていない箇所も多い。これはキュビエが用意した図版(Cuvier 1830)。

19世紀のフランス。化石などを研究する古生物学の父として知られるジョルジュ・キュビエ（1769～1832）は頭足類という分類群を作り出した。キュビエにとって頭足類はアリストテレスが観察し、記述したものだった。彼は、豊富な種や化石記録を調べて知識の体系化に努めた。

当時は進化についての考えが今日とは異なり、ある動物と他の動物との連続性は信じられていなかった。同じグループでは似た体の発達が見られたものの、種自体の移行すなわち進化はなかったとした。すなわち貝はタコやイカにならないし、魚にもエビにもならないと考えられた。今日でも大きな動物群を繋げる共通の祖先についての証拠を得ることは難しい。化石記録は常に曖昧さが残っており、現代の生き残った生物は化石と比べると少なからず変化しているためである。その意味で、キュビエの見解は至極正しいものだった。

近代頭足類学の発祥の地

パリ国立自然史博物館。キュビエが博物学を研究した施設とルーブル美術館のキュビエ像。集められた脳、貝、骨の標本の多さに感嘆する。

これに対し、キュビエの同僚はすべての動物に共通した体の作り、すなわち「プラン」があることを提唱した。これは、無名の自然史家がコウイカと脊椎動物を比較した論文を発表したことが発端だった。

この論文は失われたが、全動物に共通なプラン、すなわちエビ、タコ、イカ、貝、魚、ヒトを含む動物に共通のプランがあるという説が広がった。この説に正面から批判を展開したのがキュビエである。彼は、共通のプランなど存在しないと、タコと鳥の解剖図をもとに議論した。たしかに、タコの消化管の形は鳥の体を折り曲げたときの消化管の配置に似ている。しかし脳の位置は異なるなど、細かく見るとタコと鳥の体は大きく異なるではないかというのである。

キュビエは正しかったのか？　いや、彼は間違っていた。21世紀の分子生物学の時代になると、機能と形態の普遍プランの存在が明らかになったのである。私たちヒトとタコの体や脳の間にも、共通したプランはあるのだ。

08

「下等生物」からヒトへの道のりを描いたラマルク

ジャン・バティスト・ラマルク

パリ国立自然史博物館と、そこにあるラマルク像。

パリ、フランス自然史博物館の美しい庭園の中心にジャン・バティスト・ラマルク（1744〜1829）の彫像がある。進化思想の創始者の一人であり、タコやイカを含む背骨を持たない無脊椎動物の専門家であった。晩年は視覚を失い、人生の後半はみじめなものだったが、現在の私たちの教科書にはこのラマルクがダーウィンと共に紹介される。

ラマルクは、生物は一生の間に体や行動を変えるが、その変化の一部が子孫に引き継がれ、生物は多様化、進化していくと考えた。その結果、親から引き継いだ能力は、さらに生存に有利な方向へ進化すると考えた。

代表的な著書『動物哲学』では知性の進化を解き明かすことができるとして、全動物の繋がりを記した。この本に現れる、下等な動物から高等な動物へ前進し、最終的には人間や神へと至る進歩の歴史は、熱烈に歓迎された。

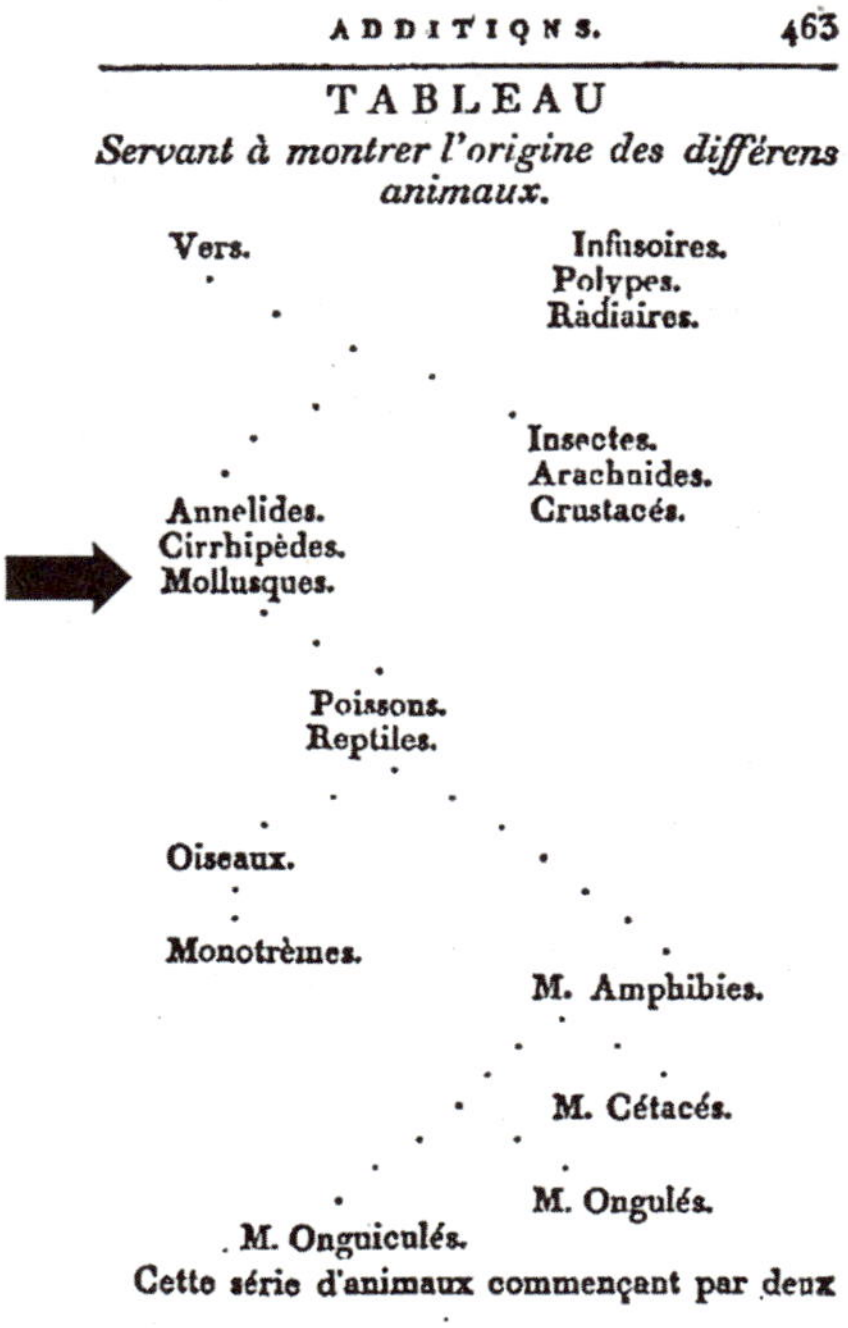

ラマルクの考えた動物の連鎖

矢印の部分がタコやイカなどの軟体動物。ラマルク『動物哲学』より（Lamarck 1809を改変）。

だが不幸なことに、この知能の前進という考えは政治に利用されて最悪の破局をもたらす。第二次世界大戦時、ユダヤ人の大量殺戮と同じく、ナチスによって人体を計測されて劣等な人間と判断された者は、不要として投獄・殺害されたのである（T4作戦）。このため、進化学では知能や体について優劣という言葉は慎重に扱うか、もしくはあまり触れないようになった。

ラマルクは、タコやイカを含む軟体動物を昆虫などから分かれ、トカゲなどの爬虫類、さらに猿やヒトへと繋ぐ生物であると描写している。彼の、下等な動物がヒトへと向かう存在の連鎖という考えには、後に知られるようになった、よく似た精巧な器官が、それぞれ独立した系統で別に生まれ得る事実は強調されなかった。人間以外の動物種がそれぞれ他にはない優れた特性を持つこともかき消された。タコやイカにも人間と似た器官が生まれている事実は、この時代の研究者には気づかれなかった。

09

オウムガイ研究の金字塔を打ち立てたオーウェン

オーウェンによるオウムガイの解剖図

オウムガイの解剖図（Owen 1832）。だが、オーウェンは巻貝からオウムガイが進化したとは考えなかった。

すべての生命には共通した設計があるという考えは、さらに多くの種を観察することによって発展していった。恐竜という語を創出したリチャード・オーウェン（１８０４～１８９２）はイギリスを代表する博物学者であり、それぞれの種には原型、すなわち広く当てはまる基本の形があることに気がついた。

彼は頭足類の原型をオウムガイに求めた。頭足類の祖先であるオウムガイは生きた化石として知られ、原始的な形を現代に至るまで保っている。オウムガイは南西太平洋からインド洋にかけての水深１００～６００ｍに生息する。稀に漁師の仕掛けた籠で捕らえられ、その貝殻は西欧の知識人には宝石の一つとして重宝された。

オウムガイはタコやイカ以上に異形の体の持ち主である。腕は90本ほどあり、吸盤はない。眼はレンズはなく、原始的な「ピンホール型」だ。心臓は心

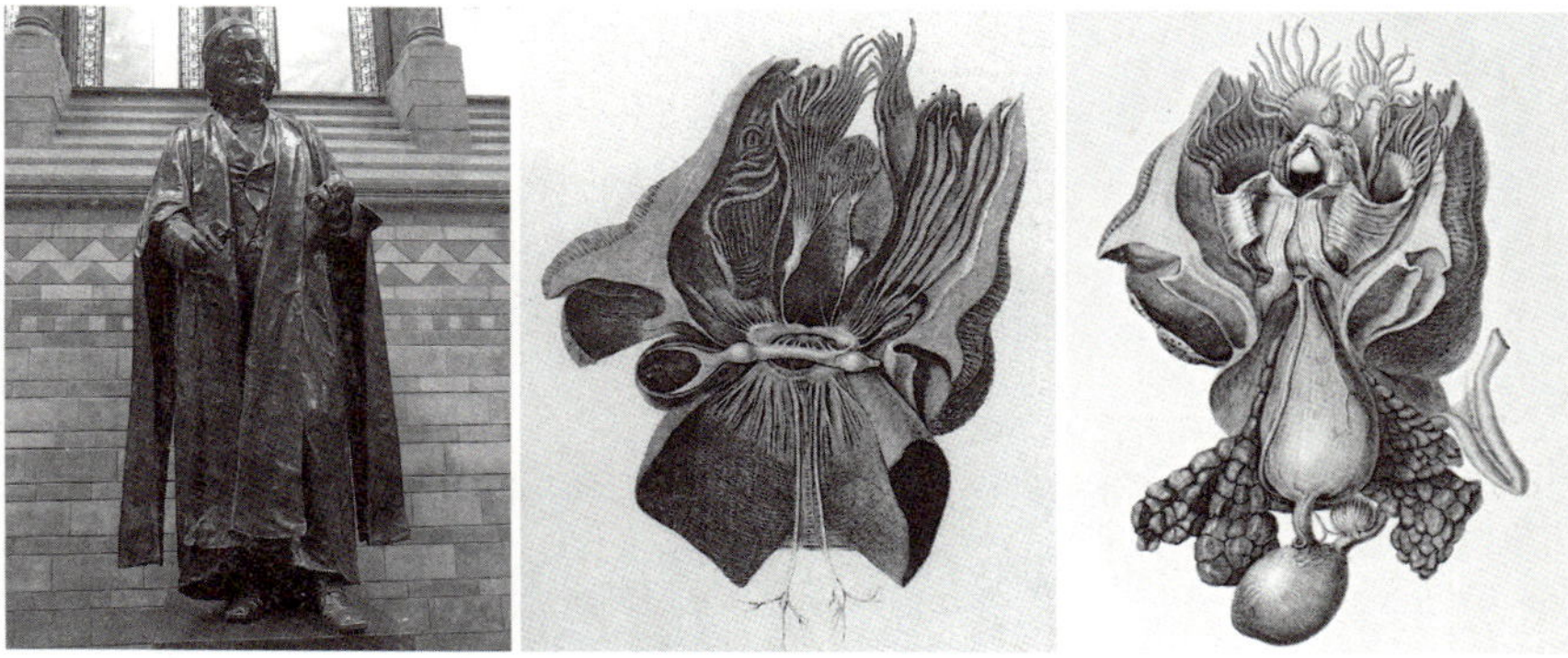

オーウェン像

オーウェンによるオウムガイの解剖の詳細およびオーウェン像（ロンドン自然史博物館）。

房を含めれば5つ、エラはタコとイカ共に二つだが、それらの倍の4つある。脳は円周の形になっていて、多くの動物のように塊ではない。

嗅覚はタコ・イカより発達している。これはオウムガイが深海に生息しているためで、見ることより匂いを嗅ぐことが大事なのだろう。何より大きな螺旋状の貝殻が特徴で、色は茶褐色と黒色のゼブラ模様である。そしてオウムガイはこの貝殻内部の規則正しく並んだ空気室に気泡を溜め、浮き沈みの調整を行っている。化石として知られるアンモナイトよりも原始的な動物である。

オーウェンはダーウィンの進化論に大いに反対した人物としても著名である。巻貝とオウムガイの姿があまりにも異なるため、オーウェンは、ある巻貝からオウムガイ、そしてタコやイカが進化したとは結論できなかった。ただいえることは、このオーウェンの研究は現代のオウムガイ解剖学の金字塔の一つとなっており、正確で美麗な図版と緻密な解剖の記載が今なお読み語られている事実である。

10

現代頭足類学の発祥の地

ナポリ動物学研究所

ナポリ湾と動物学研究所正面。タコがヒトの間に置かれている。

海洋生物がヒトの仕組みを知るために重要であることが理解されてきた19世紀から20世紀には、世界各地に臨海の研究施設が誕生した。そして海洋の動植物たちを用いた研究が生命科学を席巻するようになる。特に1872年に設立したイタリア南部ナポリの動物学研究所は世界的な一大拠点となった。

ここでは、名だたる研究者たちがこの研究所で海洋生物を研究し、精子と卵の接合、細胞分化、そして発生の仕組みを明らかにしていった。21世紀に生命科学が花開く基礎を築き上げたのは、このナポリの研究施設と、その後世界各地に作られた研究所だった。

さまざまな海洋生物の中でも、タコとコウイカはナポリ臨海実験所の代名詞であり、建築物の正面に鎮座するシンボルには、人と人の間にタコが置かれている。

フレスコ堂

研究所内部のフレスコ堂。貴重な文献やタコ画などが保管されている。

この場所で実施された頭足類の学習、再生、分類、そして卵と発生の研究は後に多大な影響を与えることになる。地中海ではマダコが多く獲れ、水槽で簡単に維持できた。マダコは小さいので解剖もしやすく、脳も大きく、早くそして長期間、学習することができた。このタコの複雑怪奇な行動が興味を持たれ、研究対象とされた。

ナポリ動物学研究所が大きく発展していった理由は、南イタリア・ナポリという観光名所にありながら、当時先進的だったドイツ系の研究方針と運営方法を採用したためだったという。ナポリ研究所では分野を問わず、世界中の学者に広く、自由な場所をレンタル料を取りながら提供した。

当時はまだ珍しかった国際雑誌を出版して広報に努めたり、ドイツの顕微鏡会社の先端技術を得て、新しい研究機器類が使えることも大きかった。このようにしてタコやイカという珍しい種の研究は、生命科学全般の分野と学会で知名度を高めていった。

11

自然から学べ、本からではなく。

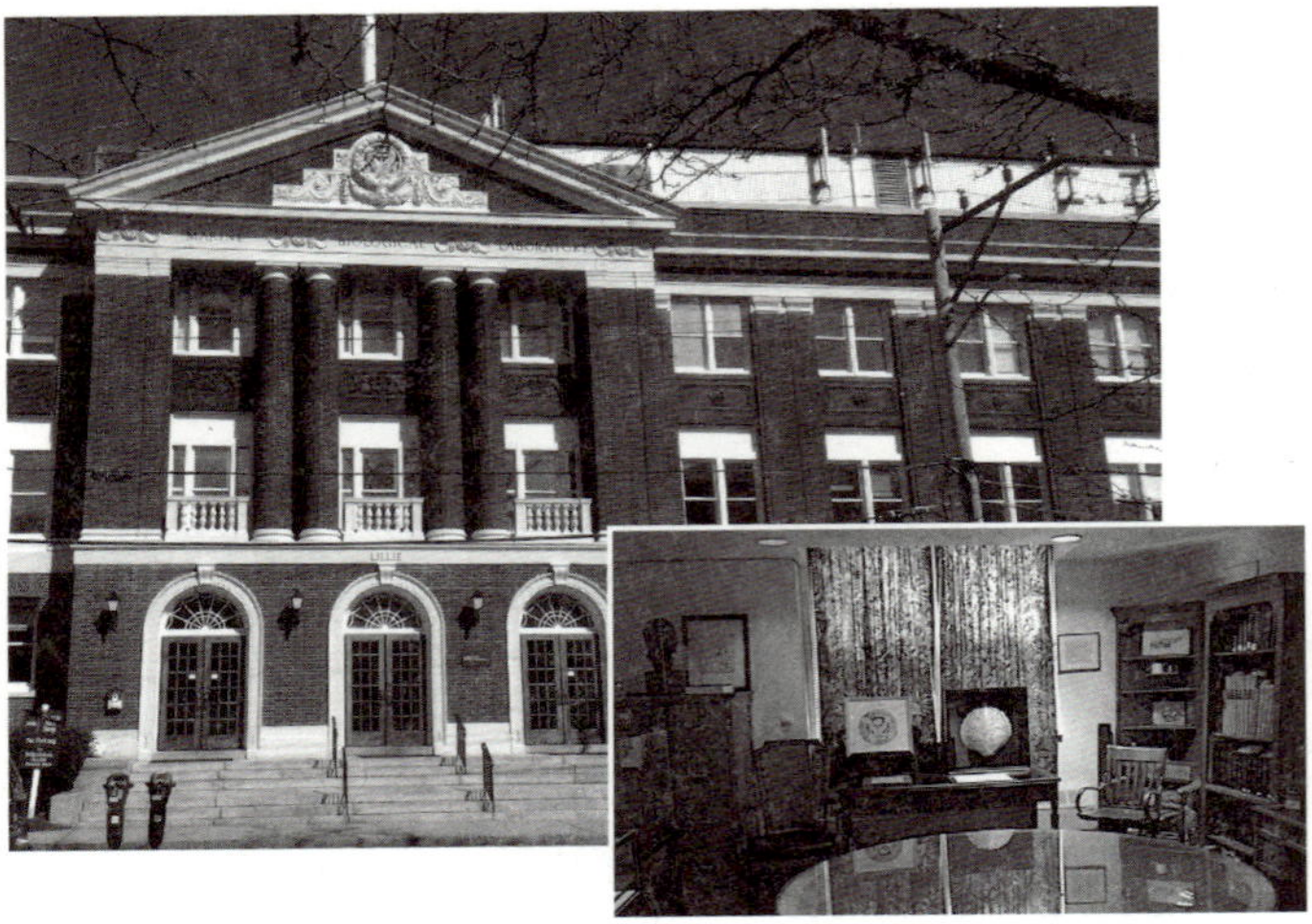

ウッズホールの海洋生物学研究所

海洋生命研究所の正面。入り口に観光センターや貴重図書の保管庫などがある。

米国ウッズホールにある海洋生物学研究所は、タコやイカの最先端の研究が行われている一大拠点である。１８８８年に創設されたこの研究所はこれまでに67人のノーベル賞受賞者が輩出している。この事実は海洋生物を含む多様な生物が持つ特異な生命現象が、いかに人類の医療や福祉に貢献してきたかを表している。

この研究所付近ではヤリイカの仲間が豊富に獲れることから、イカの巨大な神経に注目してその現象を明らかにしてきた。近年は頭足類の行動、発生、そして分子生物学といった新しい現象の解明に向けて世界的な研究が生まれ続けている。ヤリイカ以外にも、コウイカ、ミミックオクトパス、ハナイカ、そして日本に住むヒメイカも飼育されてきた。

この研究所からは、ゲノムを編集され体の色素を失った透明なイカが生まれ、脳の活動が生きた状態で観察できるようになった。この透明イカでは、痛

飼育施設

イカやタコの飼育施設と入り口にある標語。「発見とは、誰もが見たことがあるものを、誰も考えなかったように見ることである」と書いてある。

みの研究や皮膚にある色素胞が動く仕組みなどが最先端の機器類を用いて明らかにされている。

「発見とは、誰もが見たことがあるものを、誰も考えなかったように見ることである」。生物の飼育施設の入り口にはこのように記されている。この言葉は、皆がよく知る現象を違った視点から明らかにしようとする米国の研究スタイルと文化を表している。

現在の研究の一例として、タコやイカのＲＮＡ編集がある。かつて多くの研究者はこの研究に見向きもしなかったが、世界中でコロナ禍を経験した後、この技術を応用したＲＮＡワクチンの普及のおかげで誰もがＲＮＡの重要さを思い知った。そして今、タコやイカが他の動物よりもＲＮＡを異常な頻度で編集している仕組みを人間の創薬に応用しているのである。

「自然から学べ、本からではなく」。これは研究所の図書館入り口にある有名な標語である。

【あとがき】

タコ・イカを通して見る現代最新科学

本書を読み終えた方は、タコやイカの心身からゲノム、その研究の歴史まで、盛り沢山の内容を駆け足で追ってお腹いっぱいになったことと思う。特に「ゲノム」と「知性／人工知能」という最先端科学の内容を記せたことによって、本書はあたかも「タコ・イカを通して見た現代最新科学」という様相となった。

大学の講義でやるとしたら1年越しの大テーマになるような内容ともいえそうだ。タコ・イカの面白そうな話のつもりで手にとって、「なんだかすごいことになっちゃったぞ」と思ってもらえたら、著者らの狙い通りだ。タコ・イカ学はもはや面白動物の面白学問には留まらなくなっているのだ。

ただし、ちょっと盛りすぎて情報過多になり、フリーランス編集者の佐藤喬氏からは何度もお叱りを受けた。楽しい研究のエッセンスを伝えることに尽力したが、授業のような重苦しさを感じたら、それは著者の力不足である。しかし、最後まで通読したあなたは、現代科学の先端にタコ・イカが活躍しているという驚きの世界を垣間見ることができたはずである。

もしタコやイカの見せるさまざまな姿に心を奪われ、「もっと読みたい！」と思った読者がいらっしゃれば、ここ数年多く出版されるようになったタコ本の数々に挑戦してみてほしい。ベストセラーとなったピーター・ゴドフリースミスの『タコの心身問題』（みすず書房）や、サイ・モンゴメリーの『神秘なるオクトパスの世界』（日経ナショナル ジオグラフィック）では、彼らの生き生きとした姿に触れることができる。進化の視点では、ダナ・スターフの『イカ4億年の生存戦略』（エクスナレッジ）も素晴らしい出来である。

タコ・イカのグッズも非常に増えた。昨今ではアマチュアのタコ・イカファンの活躍はめざましく、いきもの系の即売会・イベントとして定期的に開催されている「いきものにあ」や「博物ふぇすてぃばる！」では、多くのブースがタコ・イカを含む海洋生物を扱っているそうだ。筆者らもお世話になっている「日本いか連合」の諸氏による同人誌『いか生活』もぜひ読んでほしい。タコ本は増えたが、実はイカ本はまだこれからなので、彼らのような新しい形のタコ・イカ学への関わりには大変に期待している。

編集者の佐藤氏にはこのような無茶な著者たちに執筆の機会を与えていただいて大変に感謝している。氏とは同じ年の生まれのご縁だ。また、隠岐と本土を往復しながらの執筆で、家族と子どもたちを放ったらかしにしてしまったことを申し訳なく思っている。一段落したらどこか暖かいところに行って息抜きができたらと思う。

向寒の隠岐の島にて　吉田真明

•2-06 Edsinger E, Dölen, G. 2018 A conserved role for serotonergic neurotransmission in mediating social behavior in *Octopus*. Curr Biol 28: 3136-3142. 図から改変.

•2-09 Ramón y Cajal S. 1930. Contribución al conocimiento de la retina y centros ópticos de los cefalópodos, Ulnt Cien Biol, CE. Public domainを改変. ヒザラガイ Chun C. 1915. Die Cephalopoden. Valdivia Pub.を改変. ヒラムシ Hanstroem B. 1928. Vergleichende Anatomie des Nervensystems der Wirbellosen Tiere. Verlag Springerを改変.アオリイカの図は筆者作図. Swammerdam J. 1758. The book of nature. CG Seyffertから改変.

•2-11 Shigeno S et al. 2018. Cephalopod brains: An overview of current knowledge to facilitate comparison with vertebrates. Front Physiol. 20: 952. 図から改変.Budelmann BU, Young JZ. 1985. Central pathways of the nerves of the arms and mantle of *Octopus*. Phil T R Soc Lond B 310: 109–122から一部のみ作図. 脳写真は筆者図.

•2-14 ホムンクルス Penfield W, Rasmussen T. 1950. The cerebral cortex of man: a clinical study of localization of function. Macmillan. 図から改変. ヒトの図 James W. 1890. The principles of psychology. Henry Holt & Companyから作図.

•2-15. ニーモン. Boycott BB, Young JZ. 1955. A memory system in *Octopus vulgaris* Lamarck. Proc R Soc Lond B 143:449-80. から作図. Photo: Prof. Young JZ. Welcome Collection, Public domain. Graves A. et al. 2014. Neural Turing Machines. arXiv:1410.5401v2. 図から改変.

•2-16 Vaswani A. et al. 2017. Attention is all you need. Adv NIPS 30から改変.

4章　頭足類と人類

•4-02 ギリシア・イラクリオン考古学博物館より筆者撮影.

•4-03 バチカン美術館にて筆者撮影.地図および分類図 Voultsiadou E et al. 2017. Aristotle' s scientific contributions to the classification, nomenclature and distribution of marine organisms. Medit Mar Sci 18: 468-478.より改変.

•4-04クラーケン. Denys-Montfort P. 1801. Denys-Montforts allgemeine und besondere Naturgeschichte der Weichwuermer: Mollusques, Bd.1, Hamburg, G. Vollmerを改変.

•4-05 Leonardo da Vinci. 1517-18. A deluge. Royal Collection of the United Kingdom. Public domain. Cultural Institute より改変. 貝殻の図 Hooke R. 1665. Micrographia. Jo. Martyn and Ja. Allestry.

•4-06 Swammerdam J. 1758. The book of nature. CG Seyffertから改変.

•4-07 Cuvier G. 1830: Considerations sur les Mollusques. 19: 241-259から改変.

•4-08 Lamarck J-B. 1809 Philosophie Zoologique. Dentu et L'Auteurから改変.

•4-09 Owen R. 1832. Memoir on the pearly *Nautilus*. Printed by Richard Taylorから改変.

- 3-13 Benne R. et al. 1986. Major transcript of the frameshifted coxII gene from trypanosome mitochondria contains four nucleotides not encoded in the DNA. Cell 46: 819–826. Hoopengardner B. et al. 2003. Nervous system targets of RNA editing identified by comparative genomics. Science 301: 832–836. Liscovitch-Brauer N. et al. 2017. Trade-off between transcriptome plasticity and genome evolution in cephalopods. Cell 169: 191-202. Rangan KJ, Reck-Peterson SL. 2023. RNA recoding in cephalopods tailors microtubule motor protein function. Cell 186: 2531-2543. Sommer B. et al. 1991. RNA editing in brain controls a determinant of ion flow in glutamate-gated channels. Cell 67: 11–19. Vallecillo-Viejo IC. et al. 2020. Spatially regulated editing of genetic information within a neuron. Nuc Acid Res 48: 3999–4012.

4章　頭足類と人類

- 4-02 Plato 1997. Plato complete works. Hackett Pub Co Inc.
- 4-03 Aristotle 2024. Aristotle: The complete works. ATN Classics. Voultsiadou E. et al. 2017. Aristotle' s scientific contributions to the classification, nomenclature and distribution of marine organisms. Medit Mar Sci 18: 468-478.
- 4-04 Elder P. 2018. The natural history. Taylor and Francis.
- 4-05 Baucon A. 2010. Leonardo da Vinci, the founding father of Ichnology. Palaios 25: 0963251.
- 4-06 Swammerdam J. 1758. The book of nature. CG Seyffert.
- 4-07 Appel TA. 1987. The Cuvier-Geoffroy debate. Oxford Univ Press.
- 4-08 ラマルク著. 小泉 丹・山田吉彦訳. 1954. 動物哲学. 岩波文庫.
- 4-09 Owen R. 1832. Memoir on the pearly *Nautilus*. Richard Taylor.
- 4-10 中埜栄三ら編著. 1999. ナポリ臨海実験所. 東海大学出版会. 木原章ら編著. 日伊生物学会監. ナポリの玉手箱. 丸善プラネット.
- 4-11 History of the Marine Biological Laboratory. https://www.youtube.com/@historyofthemarinebiologic7131

図版出典・引用文献

特記しないかぎり筆者が撮影、または図版を作成した。撮影者から提供された写真や図は許可を得て転載。一部の文献からの図は筆者の手書きもしくは切り抜きにより編集・改変した。

1章　殻を捨てた不思議な生き物たち

- 1-01 Amodio P, Fiorito G. 2022. A preliminary attempt to investigate mirror self-recognition in *Octopus vulgaris*. Front Physiol 13: 951808. 図から改変.
- 1-04 Chun C. 1915. Die Cephalopoden. Valdivia Pub.
- 1-04系統関係. MolluscaBase eds. 2024. World Reg Mar Spから作図. オウムガイ, コウイカは筆者撮影改変. 頭足類の描画および解剖図など Chun C. 1915. Die Cephalopoden. Valdivia Pubを改変. ヒメイカ, Documentary Channel Co.,Ltd 藤原英二提供. ヤリイカ, Meyer WT 1913. Tintenfische. Leipzig, Werner K. を改変.
- 1-06上記系統関係の図使用. メンダコ, コウイカ, チヒロダコ筆者撮影改変. ダイオウイカ, スミソニアン自然史博物館の模型を筆者が撮影改変.
- 1-07 Chun C. 1915. Die Cephalopoden. Valdivia Pub.
- 1-11 オウムガイ卵の写真, 鳥羽水族館にて撮影.
- 1-12 オウムガイ殻断面, 千葉県立中央博物館標本を筆者撮影. プレクトロノセラス. スミソニアン国立自然史博物館模型を筆者撮影.
- 1-26 Chun C. 1915. Die Cephalopoden. Valdivia Pub.

2章　タコ・イカの心と知性

- 2-01 Nakajima R, Ikeda Y. 2017. A catalog of the chromatic, postural, and locomotor behaviors of the pharaoh cuttlefish *Sepia pharaonis* from Okinawa Island, Japan. Mar Biodiv 47: 735–753.著者の許可を得て原図を改変.
- 2-02 Maslow AH. 1943. A theory of human motivation. Psychol Rev 50: 370–396. 図から改変.
- 2-03 オウムガイ. 鳥羽水族館から提供.
- 2-05 Birch J. 2021. Review of the evidence of sentience in cephalopod molluscs and decapod crustaceans. London Sch Econom Pol Sci. 図から改変.

2章　タコ・イカの心と知性

- 2-01 Borrelli L. et al. 2006. A catalogue of body patterning in Cephalopoda. Firenze Univ Press. Darmaillacq A-S. et al. 2014. Cephalopod cognition. Cambridge Univ Press. Nakajima R, Ikeda Y. 2017. A catalog of the chromatic, postural, and locomotor behaviors of the pharaoh cuttlefish *Sepia pharaonis* from Okinawa Island, Japan. Mar. Biodiv. 47: 735–753.
- 2-02 Boycott BB. 1961. The functional organization of the brain of the cuttlefish *Sepia officinalis*. Proc Roy Soc Lond. B, 153: 503-534.
- 2-03 Nixon M, Mangold K. 1996. The early life of *Octopus vulgaris* (Cephalopoda: Octopodidae) in the plankton and at settlement: a change in life style. J Zool Lond 239: 301–327.
- 2-04 Fiorito G. et al. 2015. Guidelines for the care and welfare of cephalopods in research -A consensus based on an initiative by CephRes, FELASA and the Boyd Group. Lab Anim 49: 1-90. Lopes VM. et al. 2017. Cephalopod biology and care, a COST FA1301 (CephsInAction) training school. Inv Neurosci 17: 8. Pophale A. et al. 2023. Wake-like skin patterning and neural activity during octopus sleep. Nature 619:129-134.
- 2-05 Birch J. 2021. Review of the evidence of sentience in cephalopod molluscs and decapod crustaceans. London School Eco Pol Sci. Crook RJ. 2021. Behavioural and neurophysiological evidence suggests affective pain experience in *Octopus*. iScience 24: 102229.
- 2-06 Edsinger E, Dölen, G. 2018 A conserved role for serotonergic neurotransmission in mediating social behavior in *Octopus*, Curr Biol 28: 3136-3142.
- 2-07 Takuwa-Kuroda K. et al. 2003. Octopus, which owns the most advanced brain in invertebrates, has two members of vasopressin/oxytocin superfamily as in vertebrates. Reg Pept 115: 139-49.
- 2-08 Young JZ. 1971. The anatomy of the nervous system of *Octopus vulgaris*. Clarendon Press.
- 2-09 Styfhals R. et al. 2022. Cell type diversity in a developing octopus brain. Nat Commun 13: 7392.
- 2-10 Shigeno S. et al. 2015. Evidence for a cordal, not ganglionic, pattern of cephalopod brain neurogenesis. Zool Lett 1: 26.
- 2-11 Budelmann BU, Young JZ. 1985. Central pathways of the nerves of the arms and mantle of *Octopus*. Phil T R Soc Lond B 310:109–122. Shigeno S. et al. 2018. Cephalopod brains: An overview of current knowledge to facilitate comparison with vertebrates. Front Physiol 20: 952.
- 2-12 Jeremea O. et al. 2022. Cell types and molecular architecture of the *Octopus bimaculoides* visual system. Curr Biol 32: 5031-5044.
- 2-13 Chung W-S. et al. 2022. Comparative brain structure and visual processing in octopus from different habitats. Curr Biol 32: 97-110. Kubodera T, Mori K. 2005. First-ever observations of a live giant squid in the wild. Proc Biol Sci 272: 2583-6.
- 2-14 Amodio et al. 2020. Evolution of intelligence in cephalopods. eLs, https://doi.org/10.1002/9780470015902.a0029004.
- 2-15 Boycott BB, Young JZ. 1955. A memory system in *Octopus vulgaris* Lamarck. Proc R Soc Lond B 143: 449-480. Turing AM. 1936. On computable numbers, with an application to the entscheidungsproblem. Proc Lond Math Soc 58: 230–265.
- 2-16 Vaswani A. et al. 2017. Attention is all you need. Adv NIPS 30.

3章　生命の設計図を書き換える

- 3-01 シッダールタ・ムカジー著. 田中大訳. 2018. 遺伝子. 早川書房.
- 3-02 岸宣仁著. 2004. ゲノム敗北. ダイヤモンド社. J・クレイグ・ベンター著. 野中香方子訳. 2008. ヒトゲノムを解読した男. 化学同人.
- 3-03 Brenner S. 清水信義 対談: シドニー・ブレンナー博士と語る. 医学会新聞.
- 3-04 Albertin CB. et al. 2015. The octopus genome and the evolution of cephalopod neural and morphological novelties. Nature 524: 220–224.
- 3-07 OIST Homepage, 2015. Decoding the Genome of an Alien https://www.oist.jp/news-center/press-releases/decoding-genome-alien
- 3-08 Ogura A. et al. 2013. Loss of the six3/6 controlling pathways might have resulted in pinhole-eye evolution in *Nautilus*. Sci Rep 3: 1432.
- 3-09 Coffing GC. et al.2025.Cephalopod sex determination and its ancient evolutionary origin. Curr Biol: S0960-9822(25)00005-3.
- 3-10 Garrett S, Rosenthal JJ. 2012. RNA editing underlies temperature adaptation in K+ channels from polar octopuses. Science 335: 848-51.

参考文献

1章　殻を捨てた不思議な生き物たち

- 1-01 Amodio P, Fiorito G. 2022. A preliminary attempt to investigate mirror self-recognition in *Octopus vulgaris*. Ikeda Y, Matsumoto G. 2007. Mirror image reactions in oval squid *Sepioteuthis lessoniana*. Fish Sci 73: 1401-1403.
- 1-02 Edsinger E. et al. 2020. Social tolerance in *Octopus laqueus*. A maximum entropy model. PLoS One 15: e0233834. Sugimoto C. et al. 2013 Observations of schooling behaviour in the oval squid *Sepioteuthis lessoniana* in coastal waters of Okinawa Island. Marine Biodiv Rec 6: e34.
- 1-03 Iwata Y. et al. 2019. How female squid inseminate their eggs with stored sperm. Curr Biol. 29: 48-49. 佐藤成祥著. 2024. 密かにヒメイカ. 京都大学学術出版会. Tanabe R. et al. 2024. In the presence of rivals, males allocate less ejaculate per mating in Japanese pygmy squid with female sperm rejection. J Evol Biol 120.
- 1-04 池田譲著. 2020. タコの知性. 朝日新書. 奥谷喬司著. 1989. イカはしゃべるし, 空も飛ぶ. 講談社. 峯水亮著, 窪寺恒己監修. 2014. 世界で一番美しいイカとタコの図鑑. エクスナレッジ.
- 1-05 デイヴィッド・シール著. 木高恵子訳. 2024. タコの精神生活. 草思社. 池田譲著. 2011. イカの心を探る. NHK出版. Hanlon RT, Messenger JB. 2018. Cephalopod behaviour. 2nd ed. Cambridge Univ Press. ピーター・ゴドフリー=スミス著. 夏目大訳. 2018. タコの心身問題. みすず書房.
- 1-06 上田幸男, 海野徹也著. 日本水産学会監修. 2022. アオリイカの秘密に迫る. 成山堂書店. 桜井泰憲著. 2015. イカの不思議. 北海道新聞社. NHKスペシャル深海プロジェクト取材班編. 2013. 深海の超巨大イカ. 新日本出版社.
- 1-07 奥谷喬司編. 2013. 日本のタコ学. 東海大学出版会. Shigeno S. et al. 2018. Cephalopod brains: An overview of current knowledge to facilitate comparison with vertebrates. Front Physiol 20: 952.
- 1-09 ピーター・D・ウォード著. 小畠郁生監訳. 1995. オウムガイの謎. 河出書房新社.
- 1-11 相場大佑著. 2024. アンモナイト学入門. 誠文堂新光社. Shigeno S. et al. 2008. Evolution of the cephalopod head complex by assembly of multiple molluscan body parts. J Morphol 269: 1–17.
- 1-12 アンドリュー・パーカー著. 渡辺政隆・今西康子訳. 2006. 眼の誕生. 草思社. 重田康成著. 国立科学博物館編. 2001. アンモナイト学. 東海大学出版会.
- 1-14 Yoshida MA. et al. Gene recruitments and dismissals in the argonaut genome provide insights into pelagic lifestyle adaptation and shell-like egg case reacquisition. Genome Biol Evol 14: evac140.
- 1-15 浅虫水族館公式. エゾハリイカのプロポーズ. https://www.youtube.com/watch?v=JETMM7v6ED4
- 1-19 名古屋港水族館. ミズダコのガラス瓶の蓋開け. https://www.youtube.com/watch?v=XQdg1_sSQ1E
- 1-20 Marsh S. 2017. The squids giant axons. https://www.youtube.com/watch?v=CXCGqwdtJ78
- 1-21 Nixon M, Young JZ. 2003. The brains and lives of cephalopods. Oxford Univ Press.
- 1-22 Koizumi M. et al. 2016. Three-dimensional brain atlas of pygmy squid, *Idiosepius paradoxus*, revealing the largest relative vertical lobe system volume among the cephalopods. J Comp Neurol 524: 2142-57. Tsuboi M. et al. 2018. Breakdown of brain-body allometry and the encephalization of birds and mammals. Nature Eco Evo 2: 1492-1500.
- 1-24 Haddock S. et al. 2001. Can coelenterates make coelenterazine? Proc Natl Acad Sci 98: 11148–11151.
- 1-25 McFall-Ngai M. et al. 1991. Symbiont recognition and subsequent morphogenesis as early events in an animal-bacterial mutualism. Science 254: 1491-1494. McFall-Ngai M. et al. 2013. Animals in a bacterial world. Proc Natl Acad Sci 110: 3229-3236.
- 1-26 Kang G. et al. 2023. Sensory specializations drive octopus and squid behaviour. Nature 616: 378-383. Kimbara R. et al. 2020. Pattern of sucker development in cuttlefishes. Front Zool 17: 1-13. van Giesen L. et al. 2020. Molecular basis of chemotactile sensation in *Octopus*. Cell 183: 594-604.

吉田真明（よしだ・まさあき）

島根大学生物資源科学部附属生物資源教育研究センター海洋生物科学部門（隠岐臨海実験所）、部門長、教授。博士（理学）。お茶の水女子大学、国立遺伝学研究所を経て、2016年より現職。動物の進化・発生・多様性に興味を持ち、学生時代からタコ・イカ類を中心とした軟体動物の研究を進めている。主な著書は、『ヒトゲノム事典』（分担執筆、培風館）、『海洋と生物』253号 特集「日本の頭足類研究（1）」（分担編集、生物研究社）。

滋野修一（しげの・しゅういち）

バイオメディカル企業勤務。大阪大学医学部、シカゴ大学、米国アルゴンヌ国立研究所、ナポリ海洋研究所、海洋研究開発機構、理化学研究所研究員または助教などを歴任。情報学や脳科学を専門とする。早いもので頭足類の研究を続けて30年経とうとしている。主な著作・編集作に『遺伝子から解き明かす脳の不思議な世界』（一色出版）、『Brain Evolution by Design』（Springer）他。

創元ビジュアル教養＋α

タコ・イカが見《み》ている世《せ》界《かい》

2025年4月10日　第1版第1刷発行

著　者　吉田真明
　　　　滋野修一
発行者　矢部敬一
発行所　株式会社 創元社
https://www.sogensha.co.jp/
〈本　社〉〒541-0047
大阪市中央区淡路町4-3-6
Tel.06-6231-9010　Fax.06-6233-3111
〈東京支店〉〒101-0051
東京都千代田区神田神保町1-2田辺ビル
印刷所　東京印書館

ブックデザイン　米倉英弘（米倉デザイン室）
組　版　スーパービックボンバー
校　正　あかえんぴつ
企画・編集　佐藤 喬

ISBN978-4-422-43063-8　C0045